청소년이 알아야 할
철강 산업의 역사

강하고 부드럽게
대한민국 **철강 이야기**

* 이 책은 산업통상자원부의 지원을 받아 한국산업기술진흥원이 기획 · 발간하였으며,
저작권은 한국산업기술진흥원이 소유하고 있습니다.

History of technology 시리즈 4

강하고 부드럽게 대한민국 철강 이야기

청소년이 알아야 할 철강 산업의 역사

초판 1쇄 인쇄 2013년 12월 20일
초판 1쇄 발행 2013년 12월 20일

기획   한국산업기술진흥원
              원장 정재훈
총괄진행   기술문화팀 박정희, 백대우
자료조사   현대경제연구원 홍영식, 이병돈
검토   한양대학교 박주현, 포스코미래창조아카데미 전우안,
              금오공과대학교 한철호, 한국철강협회 도애정

지은이   강선영
그린이   서춘경
감수   홍경태, 한득헌

펴낸이   이미래
펴낸곳   (주)씨마스커뮤니케이션

출판등록   2007년 1월 11일 제301-2007-005호
주소 100-273 서울특별시 중구 서애로 23
전화 02-2269-8280 | **팩스** 02-2278-6702 | **이메일** cmass21@chol.com

ISBN 979-11-85351-03-2 44500
          979-11-85351-01-8(세트)

값 11,000원

※ 이 도서의 **국립중앙도서관 출판시도서목록(CIP)**은 서지정보유통지원시스템 홈페이지(seoji.nl.go.kr)와
국가자료공동목록시스템(www.nl.go.kr/kolisnet)에서 이용하실 수 있습니다.(**CIP제어번호 : CIP2013024595**)

청소년이 알아야 할
철강 산업의 역사

강하고 부드럽게
대한민국 철강 이야기

글 강선영
그림 서춘경
감수 홍경태 · 한득헌

씨마스

'한강의 기적'은
산업 기술 역사에서 시작됐습니다

1945년 일제강점기에서 해방되고 3년 뒤 우리나라에 정식으로 정부가 만들어졌지만, 1950년 또다시 한국전쟁으로 인해 그나마 초기의 산업 시설은 시작도 못한 채 거의 파괴되어 당시 세계에서 가장 가난한 나라에서 벗어나지 못하고 있었습니다.

하지만 그 이후 60년이라는 짧은 기간에 1인당 국민소득 2만 달러, 인구 5천만 명 이상이 되어 2012년에는 세계에서 일곱 번째로 '20-50클럽'에 들어갔습니다. 우리보다 먼저 이 클럽에 진입한 나라는 미국, 일본, 독일, 영국, 프랑스, 이탈리아 등 선진 여섯 개 나라에 불과합니다. 이미 한국은 세계에서 국내총생산(GDP) 15위, 수출 7위의 선진 산업 강국이 되었습니다.

1인당 국민소득이 우리나라보다 높은 나라는 더 있지만 홍콩과 싱가포르는 도시국가이기 때문에, 호주와 캐나다 등은 인구가 모자라서 20-50클럽에 들어갈 가능성이 없으며 중국, 러시아 및 인도 등은 1인당 국민소득이 한참 못 미치므로 당분간 새로운 20-50클럽 국가가 나타날 가능성은 없어 보입니다.

광복 이후 가장 가난한 나라였던 우리나라는 제2차 세계대전 이후 세계에서 가장 빠른 경제성장을 기록했고, 원조를 받던 나라에서 원조를 주는 유일한 나라가 되어 외국에서는 '한강의 기적'을 이룬 나라라고 합니다.

일반적으로 다른 선진 강국들은 산업화 과정이 200년씩이나 걸렸는데, 우리나라는 어떻게 해서 60년이라는 짧은 기간에 잘사는 나라가 되었을까요? 여러 가지 이유가 있지만, 한국인만이 갖고 있는 독특한 성취동기 그리고 위기에도 굴하지 않는 도전 정신 등이 남달랐기 때문이라고 합니다.

그동안 한국산업기술진흥원은 대한민국의 중요 산업 기술 발전 역사를 조사하고, 그 결과를 산업별 청소년용 교양 도서로 제작, 보급해왔습니다. 특히 'History of technology 시리즈'는 청소년들에게 대한민국의 산업 기술이 분야별로 어떻게 세계 1등으로 발전하게 되었는지 알려주기 위해 기획되었습니다. 먼저 '컴퓨터 · 통신 산업'과 '섬유 산업'을 출간했고, 이번에 '자동차 산업', '철강 산업', '화학 산업'을 추가로 출간해 대한민국 산업 기술 역사 시리즈 도서로서의 가치를 더욱 높이게 되었습니다.

이 시리즈는 산업 기술이 우리 실생활에 어떤 영향을 미쳐왔는지, 우리나라가 잘살게 되기까지 산업 기술이 어떤 역할을 해왔는지 알 수 있는 계기가 될 것입니다. 무엇보다 청소년들이 산업별 특성을 이해하고 이공계로 진로를 결정하는 데 지침서로 삼을 수 있을 것입니다. 이 책이 이공계에 대한 청소년들의 관심을 이끌어내고 그들이 꿈을 펼치는 데 작은 불씨가 되기를 기대합니다.

한국산업기술진흥원

C O N T E N T S

이 책을 읽기 전에

'History of technology 시리즈'는 우리나라를 이끌어온 산업 기술의 역사를 시기별 혹은 주제별로 나누고 대화체의 이야기로 재미있게 풀어냈습니다. 여기에 산업기술사와 관련된 배경 지식, 사진, 도표, 삽화 등을 곁들여 좀 더 쉽게, 폭넓은 각도로 내용을 이해할 수 있도록 구성했습니다.

책을 살펴보면

1 즐거운 대화로 시작하는 철강 산업 이야기

일러스트와 함께 주인공들의 대화를 글로 풀어냈습니다. 중학생 재철이와 아빠, 엄마의 대화를 통해 독자들이 우리나라 철강 산업 역사에 쉽게 다가가도록 하였습니다.

2 이해를 돕는 사진과 일러스트 구성

본문 내용을 쉽게 이해할 수 있도록 사진과 일러스트를 적재적소에 배치하였습니다. 책의 첫 장부터 끝까지, 우리나라 철강 산업 역사의 흐름을 따라 사진과 일러스트를 보는 재미가 쏠쏠합니다.

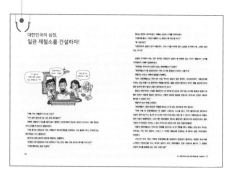

3 알면 더 재미있는 철강 상식 정보

'알면 더 재미있는 철강 상식' 코너는 철강에 대한 독자의 흥미를 돋우는 내용으로 가득 차 있습니다. 알고 보니 더 재미있는 철강 상식과 함께 더욱 유익한 독서가 될 것입니다.

등장인물

박재철(아들)

고입을 앞두고 공부에 대한 압박을 받는 중. 공부 스트레스로 가끔 반항하기도 하지만, 아빠의 철강 이야기에 관심이 많아 귀 기울여 듣는다. 궁금한 내용은 적극적으로 질문하는 스타일로, 끼도 많고 재치도 넘친다.

박광연(아빠)

고물상을 했던 할아버지의 영향으로 어려서부터 철에 관심이 많았고, 지금은 철강 회사에서 20년 가까이 일하고 있다. 항상 재철이를 이해하기 위해 노력하는 다정다감하고 자상한 아빠이다.

장단아(엄마)

재철이의 학업 태도에 관심이 많은 평범한 대한민국 주부. 공부보다 놀기를 좋아하는 재철이 때문에 종종 불같이 화를 내기도 하지만, 가끔씩 4차원적인 발언으로 가족을 웃게 하는 집 안의 활력소이다.

01

지금은 철기 시대,
소리 없이 빛나는 철의 마술

우리가 사는 이 세상은 온통 철로 가득 차 있다. 주방 기구, 전자 기기, 대문, 맨홀, 자동차, 건물 구조물 등 철이 들어가지 않는 물건을 찾기가 더 힘들다. 21세기, 스마트한 최첨단 시대에도 철의 효용성과 가치는 무한하다. 도대체 철은 언제부터 우리 곁에서 살아 숨 쉬게 된 걸까? 소리 없이 빛나는 철의 신비 속으로 들어가 보자.

철의 세계로
한번 들어가 볼래?

시험 기간이 코앞으로 다가왔다. 더 이상 머뭇거려서는 안 된다.

"마음아, 각오해라. 지금부터 우리는 방을 치우고 공부를 시작할 거야."

한숨이 절로 나왔지만 재철이는 마음을 굳게 먹고 청소를 시작했다. 폭격 맞은 전쟁터 같았던 방과 책상이 조금씩 비워지는 만큼 재철이의 몸에는 피곤이 쌓여 갔다. 그 바람에 공부하려던 마음은 점점 시들어 버렸다.

"아, 힘들어."

청소를 끝낸 재철이는 의자에 털썩 주저앉았다. 눈앞에서 빤히 재철이를 지켜보던 컴퓨터 모니터에서 유혹의 텔레파시가 발신되고 있음이 느껴졌다.

"수고했어, 재철아. 정신건강을 위해서 게임비타민을 한 판 실행하도록 해."

좋은 생각이다. 노동으로 지친 세포를 깨우는 데는 게임만 한 것이 없지. 딱 한 판으로 정신의 배터리를 충전하고, 공부의 신을 소환하는 거야. 게임은 공부의 마중물이니까. 스스로의 논리에 감탄하며 게임 사이트로 막 진입하는데, 웬일인지 자꾸 뒤통수가 쭐깃거렸다. 뭐지, 이 느낌은?

재철이는 슬며시 뒤를 돌아다보았다. 거기에는 푸짐한 간식 쟁반을 든 엄마가 서 있었다.

"뭐어? 공부를 해? 이게 공부야? 게임이 공부냐고오?"

"딱 한 판만 하려고 그랬어! 게임해서 정신 차리고, 공부하려고 그랬다고!"

"대체 언제 철이 들려고 그러니? 제대로 철 든 사람이 되라고 이름도 재철이라 지었는데. 언제쯤 그 이름값을 할 거냐고?"

"아, 진짜! 공부하려고 그랬다고오!"

재철이는 화가 났다. 이대로 집에 있다간 분명 엄마와 재철이 둘 중 하나는 폭발하고 말 것이다. 그러니 내가 나가는 수밖에.

재철이는 일부러 쿵쾅거리며 집을 나왔다. 집 앞으로 나와 찬 바람을 맞으며 걸으니 기분이 조금 나아지는 것도 같았다.

"철이 뭐야, 대체. 그게 왜 있는 거야?"

온갖 불평불만을 쏟아내며 골목길을 돌아서는데, 누군가 불쑥 앞을 가로막았다. 깜짝 놀라 고개를 들어보니, 아빠였다.

"철이 뭔지 궁금해? 그럼 아빠를 따라와."

퇴근하시던 아빠는 발길을 돌려 재철이와 함께 큰길로 나섰다.

"사방을 잘 둘러봐. 철이 뭔지, 철이 왜 있는지 느낄 수 있을 거야."

아빠의 손가락이 여기저기를 가리키기 시작했다. 도로를 달리는 자동차, 오토바이, 자전거, 길가의 쓰레기통, 가로등, 벤치, 버스 정류장의 프레임과 편의점의 진열대에 이르기까지. 아빠가 왜 이러시나 영문을 몰라 하던 재철이에게 깨달음은 한순간에 갑자기 찾아왔다.

'아, 세상은 온통 철투성이구나.'

"이제 좀 알겠지? 철은 우리와 떼려야 뗄 수가 없는 거야. 생명의 혈류요, 문명의 뼈 같은 역할을 맡아 우리 곁에서 항상 소리 없이 빛나고 있지. 그러니까 지금부터라도 철과 친하게 지내보는 게 어때? 아빠가 심오한 철의 세계로 안내해 줄 테니, 같이 한번 들어가 볼래?"

철이 신비한 물질이라고요?
소리 없이 빛나는 철의 마술이 무엇인지 알려주세요.

●청자 상감운학문 매병(국보 제68호)

소리 없이 빛나는 철의 마술이라. 거기에 가장 적합한 이야기가 있지.

고려청자의 비취색이 세계적으로 유명한 건 알고 있지? 많은 사람이 오래전부터 비취색의 신비를 풀려고 애를 썼는데, 대부분 유약에 비밀이 있을 거라고 생각했어.

하지만 다른 생각을 한 사람들이 있었지. 물리학자인 김화택 교수와 청자장 이용희 선생이야. 두 사람은 공동 연구를 통해서 청자의 비취색이 태토에 들어 있는 철 이온에 의해서 나타난다는 사실을 발표했어. 청자의 비취색은 유약과 태토*의 경계 지점에서 철 이온에 의해 반사되는 빛이라고 해.

고려청자는 1,300℃ 이상의 장작 가마에서 구워내는데, 장작이 불완전연소하기 때문에 청자를 굽는 과정에서 일산화탄소가 발생하게 돼. 일산화탄소는 도자기의 표면에 있는 산소와 결합해서 이산화탄소로 방출되고, 일산화탄소에게 산소를 빼앗긴 도자기 표면의 철 이온은 다시 산소와 결합하려고 태토 층에 있는 산소를 끌어당기지. 이 과정에서 철 이온이 빛을 반사하는 특성을 발휘하면서 청색을 비취색으로 바꾼다는 거야. 그러니까 철의 환원 작용이 고려청자가 비취색을 내게 하는 비밀이었던 거야.

이처럼 철은 변신의 귀재야. 우리가 눈으로 보지 못하는 미시 세계에서 아주 많은 일을 하고 있지. 고려청자 안에서 이렇게 신비한 일이 벌어졌다는 걸 우리가 어떻게 알 수 있었겠니. 천 년이 넘게 숨겨져 온 철의 비밀이잖아.

철은 온도에 따라서 자성체가 되기도 하고 비자

* 태토(胎土) 도자기를 만드는 흙의 입자

성체가 되기도 해. 똑같은 철강 제품이라도 자석이 붙는 게 있고, 안 붙는 게 있는 거지. 또 철은 누구하고도 잘 어울리는 물질이야. 공기 중에서는 산소하고 어울려 녹이 슬고, 동물의 몸속에서는 단백질과 결합해서 혈액의 성분을 이뤄. 적당한 양의 탄소하고 결합하면 강해지고, 다양한 금속과 만나 독특한 성질을 갖는 철강이 되는 거지.

고려청자가 천 년 전에 만들어진 비취색 반도체라니 놀라워요. 그럼 현대의 철은 어떤 마술을 보여 주고 있나요?

철이 보여 주는 여러 가지 신비한 마술 가운데 대표적인 것으로는 시간과 공간의 마술을 꼽을 수 있어. 좁은 땅을 수직으로 확장하여 넓히는 공간 확장술과 멀리 떨어져 있는 거리를 가깝게 좁혀 주는 공간 축지술, 이러한 공간의 마술로 비롯되는 시간의 마술은 더 이상 신화나 상상 속에서만 존재하는 허무맹랑한 이야기가 아니야. 철이 우리에게 선물하고 있는 문명의 현주소지.

우리나라에서 그 대표적인 예를 찾아볼까? 60km의 이동 거리를 10km로 줄이는 공간의 마술, 80분의 이동 시간을 10분으로 단축한 시간의 마술이 바로 우리나라에서 일어났지. 지금부터 그 이야기를 해보자.

2013년 2월 7일, 우리나라 남해 바다에서 아주 획기적인 일이 벌어졌어. 전라남도 광양시 금호동과 여수시 묘도 사이의 바다를 가로지르는 이순신대교가 건설된 거야.

이순신대교는 여수국가산업단지 진입 도로에 포함되는 해양 현수교의 이름이야. 다리를 떠받치는 교각 없이, 커다란 주탑 두 개를 세우고, 거기에 강철 케이블을 걸어 상판을 매다는 현수교 방식으로 건설되었어. 초대형 여객기 42대를 합한 무게인 2만 3,773톤의 강철 상판을 강철 케이블로 들어 올려 건설한 다리지.

이렇게 무거운 상판을 들어 올려야 하는 주 케이블은 얼마나 강해야 할까? 그리고 이렇게 막강한 케이블은 대체 어떻게 만드는 거지?

이순신대교는 100% 국산 기술과 설비, 그리고 우리나라에서 생산한 자재들로 만들어졌어. 주 케이블 역시 마찬가지야. 주 시공사인 대림산업에서는 자체 제작한 가설 장비로 피아노줄 두께의

• 이순신대교

강선 네 가닥을 매달고 1,600번 왕복하면서 초고강도 강선 한 가닥을 만들었는데, 이렇게 만들어진 5.35mm짜리 초고강도 강선 한 가닥은 4톤짜리 코끼리를 들어 올릴 정도로 강한 힘을 가진 것이라고 해.

주 케이블은 이런 초강도 강선을 1만 2,800가닥 엮어 만드는데, 여기에 들어간 강선을 한 줄로 펴면 지구를 두 바퀴 돌 수 있는 길이야.

강선 한 가닥으로 코끼리를 들어 올릴 수 있다니, 정말 대단해요. 이순신대교는 어떤 다리예요?

이순신대교는 우리나라에서 가장 크고 세계에서는 네 번째로 큰 현수교야. 주탑의 높이가 해발 270m로, 남산이나 63빌딩보다 높지. 현존하는 주탑 중에서 가장 높아 전 세계에 웅대한 규모를 드러내고 있는 거야.

이순신대교의 주탑과 주탑 간 거리는 1,545m인데, 여기에는 특별한 의미가 담겨 있어. 이순신 장군이 태어난 1545년을 기념하려고 일부러 정한 길이거든. 평균적인 현수교의 주탑 간 거리보다 조금 더 길기 때문에 그만큼 까다로운 기술 역량이 필요하지만, 역사적 의미를 살리기 위해서 그렇게 결정했다고 해.

현수교를 건설할 때는 무엇보다도 철강 자재의 품질과 기술력이 중요해. 현수교에 건설되는 케이블은 차로가 위치하는 교상과 그 위를 달리는 차와 화물의 무게를 감당하는 것은 물론이고 차의 속도와 진동, 강한 바람까지도 이겨낼 수 있어야 해. 그래서 강도 못지않게 유연성이 아주 중요하지. 강하면서도 부드러운 철강! 최첨단 철강 기술이 없다면 이와 같은 고기능 철강 자재의 생산은 불가능하겠지?

이순신대교에는 대림C&S와 현대스틸산업이 생산한 강교, 포스코가 생산한 강판, 고려제강이 생산한 케이블용 와이어, 삼영엠텍이 생산한 주단강품 등 우리나라의 철강 회사들이 첨단 기술로 생산한 여러 가지 철강 자재를 사용했어.

철강 산업이 없었다면 험한 바다를 가로질러 공간을 축지해 주는 현수교를 어떻게 세울 수 있을까. 건축, 토목, 기계 분야의 기술이 아무리 발달했더라도 이 기술을 실현해 주는 기초 자재가 없다면 무용지물이 아닐까.

자재 역시 마찬가지야. 아무리 훌륭한 자재를 생산하더라도 이것을 적재적소에 사용할 수 있는 적정 기술이 없다면 아무런 쓸모도 없게 되지. 이 모든 것이 서로 융합하여 세상을 지탱하는데, 철은 그중에서 가장 중추적인 역할을 하고 있어. 그래서 우리는 철을 '산업의 쌀'이라고 부르는 거야.

철이 없는 현대 문명은 상상조차 불가능하겠네요. 그렇다면 철은 언제부터 사용하기 시작했어요?

인류 최초의 철기 유물은 이집트에서 발굴한, BC 3500년경에 만들어진 것으로 추정되는 철 구슬이야. 그런데 이 유물의 소재는 철광석을 제련해서 만든 인공 철이 아니라 우주에서 떨어진 운석에서 비롯된 자연산 철강이라고 해. 하늘에서 떨어진 운석철을 가공해서 무기나 장신구, 신전의 장식품 등을 만들었던 거지.

운석철은 아주 희귀하기 때문에 금이나 은보다 더 값진 것이었어. 초기 히타이트 인들은 아시리아에서 생산한 철을 40배 무게의 은과 물물교환했다니, 철을 얼마나 귀하게 다루었는지 알 만하지?

그로부터 2,000여 년이 지난 BC 1500년경에 현재 터키 지역의 고대 국가인 히타이트에서 처음으로 철광석에서 철을 추출해내는 기술을 터득했어. 그 후 히타이트 왕국이 멸망하고 이 기술이 주변 국가로 퍼지면서 철기 시대가 도래하게 되었지.

인간이 살아가는 방식을 바꾼 철기의 발명은 인류의 역사에서 가장 획기적인 기술 혁명으로 인정받고 있어. 아주 오랜 옛날에 시작된 철기 시대가 지금까지도 변함없이 이어지고 있으니, 그 영향력이 얼마나 큰지 알겠지?

철은 지구에서 가장 많은 물질이야. 대부분은 지구 안에서 뭉쳐 중심핵을 이루지만, 지각에서도 흔히 발견되는 물질이지. 대부분의 철은 지각에서 다른 물질과 혼합된 철광석의 형태로 존재해.

• 철광석

그렇기 때문에 철기를 만들려면 여러 가지 물질이 혼합된 철광석에서 산소와 결합하고 있는 철 성분을 환원하여 녹여낼 수 있는 기술이 필요한데, 1,200℃ 이상으로 가열하기가 매우 어려웠지.

철기를 본격적으로 쓴 건 철광석에서 철을 추출하는 야철 기술을 개발하면서 부터야. 야철 기술이 발달할수록 더욱 많은 철을 생산했고, 여기서 만들어진 다양한 철기가 실생활에 널리 보급되었어.

순수한 철은 녹이 슬면서 잘 부서지는 성질이 있기 때문에 철을 강하게 만들려면 적당량의 탄소와 결합시켜야 해. 철에 탄소가 0.05~1.7%가 있으면 강철이 되고, 강철이 크롬이나 니켈 같은 물질과 결합하면 녹슬지 않으면서 강해지는 특성을 갖게 되지. 이렇게 만든 강철은 가열과 냉각을 반복하고, 두드리고 접는 등의 기술 공정을 거치면서 더 우수한 성질로 단련되는데, 이렇게 철을 강하게 만드는 일을 '단야 작업'이라고 해.

고대의 철기 기술은 자연 상태의 철광석에서 철을 추출하는 야철 기술과 추출된 철을 단련하여 필요한 제품으로 만드는 단야 작업으로 크게 나뉘는데, 야철 기술은 현대의 제철 기술로 이어졌고, 단야 작업은 현재의 제강 및 압연 기술로 이어져 문명의 뼈대를 구축하게 된 거야.

철기 시대는 지금으로부터 아주 오래전에 시작되었지만, 현대에도 진행 중이고, 미래까지 이어지게 될 문명의 현주소지.

철의 고향은 별이다

• 소마젤란은하에서 폭발한 초신성 잔해(푸른색)가 별 형성 영역(분홍색 성운)을 향해 퍼져 가고 있다. 초신성 폭발은 성운의 가스를 밀어붙여 새로운 별의 탄생을 촉진한다. 초신성 잔해는 새로운 별과 별 주위에 생겨나는 행성의 재료가 된다. 태양과 지구는 이런 초신성 폭발의 잔해에서 태어난 2세대 별과 행성이다.

철은 언제 처음 생겼을까? 철은 광활한 우주의 별에서 처음 태어났다. 별의 내부에서 핵융합으로 태어난 철은 별의 죽음과 함께 우주로 뿌려져 새로운 별의 원료가 되고, 마침내 지구의 중심에서 새로운 용광로를 만들어 우리를 살아가게 하는 에너지의 원천이 되고 있다.

별의 중심은 아주 뜨거워서 마치 용광로와 같다. 이 용광로 속에서 원자핵들은 계속 융합하며 에너지를 방출하고 새로운 원자를 만들어 낸다. 그래서 별은 원소들의 대장간이다.

별의 죽음인 초신성 폭발이 일어나면 별의 원소들은 우주로 널리 퍼져 나간다. 초신성 폭발로 우주에는 아주 높은 열에너지가 발산되어 좀 더 무거운 원소들이 융합할 수 있는 환경이 만들어진다. 헬륨은 탄소를 융합하고, 탄소는 네온과 마그네슘을 융합하며, 네온은 산소를, 산소는 황과 실리콘을 융합한다. 그리고 실리콘은 철을 융합한다. 이렇게 만들어진 원소들은 새로운 별과 행성을 만든다.

철은 별의 용광로에서 만들어지는 최종 물질이다. 별의 용광로에서 철의 원자핵이 만들어지고 나면, 반응이 계속 이어지더라도 철보다 더 큰 원자핵은 금방 분열되어 철로 되돌아간다. 그래서 철은 핵융합의 종착점이자, 핵분열의 시작점이다.

철보다 무거운 원소들은 별의 용광로가 아니라 우주에 펼쳐진 성간구름 속에서 만들어진다.

우리가 살아가는 지구의 중심에 철의 용광로가 있다니, 놀라운걸?!

중간권
지각
맨틀
해양지각
암석권
대륙지각
연약권
외핵
내핵

02

산업의 쌀 철,
폐허의 꽃 철강

철은 모든 산업의 근간이 되는 '산업의 쌀'이다. 하지만 고대로부터 전해 내려온 우리나라의 우수한 전통 철강 기술은 일제강점기로 단절되고, 일제의 식민지 정책에 의해 근대적 제철 기술이 도입되었다. 전후 열악한 상황의 폐허 속에서 건져낸 고철이 1960년대 우리나라의 철강 산업을 이끌어 나갔던 과정을 들여다보자.

대한민국을 일으켜 세워준 건
철강 산업이야

뉴스를 보니 세계 곳곳에서 난리가 났다. 산불이 나고, 지진이 나고, 화산도 폭발 중이란다. 아무래도 지구가 화병이 났나 보다. 심각한 표정으로 뉴스를 보고 있는 재철이에게 아빠가 갑자기 질문을 던지셨다.

"저런 재해가 우리를 마냥 피해 간다는 보장이 없는데, 만약 우리에게 천재지변 같은 일이 벌어지면 재철이 넌 어떡할래?"

재철이는 당황했다. 이제까지 한 번도 생각해 본 적 없는 일이고, 앞으로도 결코 생각하고 싶지 않은 일이다.

"어, 글쎄요. 뭘 해야 하죠?"

뭘 해야 하나. 뭘 해야 할까. 아무리 생각해도 그저 막막하기만 할 뿐, 도저히 아빠의 질문에 대답할 말이 생각나지 않았다.

"모르겠어요. 그런 건 학교에서 안 배웠어요. 어떻게 해야죠?"

재철이의 반격에 아빠가 당황스러운 웃음을 터뜨리셨다.

"어, 글쎄? 어떻게 해야 할까. 아빠도 생각 중이긴 한데, 저런 일은 실제로 당해 보지 않아서 어떻게 해야 할지 난감한데? 그냥 할아버지께서 늘상 하셨던 말씀만 귀에서 뱅뱅 도는구나."

"할아버지께서 뭐라고 하셨는데요?"

재철이의 질문에 아빠의 눈빛이 아련해졌다. 할아버지 생각을 하시는 건가. 재철이의 눈빛도 함께 아련해졌다.

아빠는 한참 후에 다시 이야기를 시작하셨다.

"할아버지께서 늘 아빠에게 입버릇처럼 하시던 말씀이 있어. 행복한 줄 알아라. 그런데 아빠는 정말 그 말씀이 싫었지. '뭐가 행복한데.' 이런 마음이 불쑥불쑥 치밀었거든. 그런데 오늘은 할아버지의 그 말씀이 자꾸만 귓가에 맴도네. 왜 그럴까?"

아빠가 재철이를 바라보셨다. '글쎄요, 왜 그럴까요?' 재철이는 눈빛으로 물었다.

"할아버지는 걸핏하면 아빠를 불러 앉혀 놓고 '6·25 때……'로 시작되는 이야기를 꺼내곤 하셨어. 폭격으로 집이 부서진 이야기, 고철을 팔면 짭짤하다는 소문을 듣고 고철 장사를 시작한 이야기, 깡통으로 만든 자동차 이야기, 한번 시작하면 아빠가 꾸벅꾸벅 졸다 쓰러지기 전까지는 절대로 끝나지 않는 이야기였지. 그 이야기를 이제 너에게 전해 주어야 할 때가 된 것 같구나."

할아버지께서는 재철이가 어릴 때 돌아가셨다. 그래서 재철이는 할아버지에 대한 기억이 없다. 하지만 아빠를 통해 할아버지의 말씀을 전해 들을 수 있다니 왠지 묘한 기분이 들었다. 오랫동안 잊고 있었던 과거를 찾으러 가는 느낌이랄까.

아빠는 진지한 표정으로 말씀하셨다.

"할아버지의 시대, 거기서부터 대한민국이 출발했지. 그리고 일제강점기와 6·25전쟁으로 휘청거리던 대한민국을 일으켜 세운 것이 바로 철강 산업이야. 전쟁으로 피폐진 국토를 복구하고, 사람들이 살아갈 수 있는 생활 터전을 건설하려면 철강 산업이 필수였어. 그래서 대한민국 정부는 건국 초기부터 철강 산업을 육성하기 위해 많은 노력을 기울였지. 그게 우리나라 철강 산업의 시작이고 그때가 바로 6·25전쟁 직후의 일이야. 지금부터 아빠가 그때의 이야기를 들려줄게."

전쟁이라니, 생각만 해도 끔찍해요.
6·25전쟁도 그랬겠죠?

6·25전쟁은 1950년 6월 25일 새벽 북한군의 불법 남침으로 시작되어, 1953년 7월 27일 휴전 협정으로 중지되었어.

휴전 후, 전쟁이 휩쓸고 지나간 피해를 복구하는 일은 그야말로 첩첩산중이었지. 도로, 교량, 공장, 병원, 사찰, 교회, 학교 등 삶을 지탱하던 모든 기반이 한 번에 무너져 온통 폐허로 변해 버렸기 때문이야. 금속 공장을 비롯한 제재소, 제지 공장 같은 크고 작은 공장과 시설이 거의 다 파괴되었고 건물과 교량, 도로, 철도 같은 기간 시설도 대부분 무너져 버렸어.

전쟁을 피해 떠난 사람들은 남쪽 지방으로 내려와 눈물겨운 피난 생활을 시작했지만 폭격으로 온통 폐허가 되어 버린 곳에서 살 곳을 마련하기란 쉽지 않은 일이었지.

우리 생활에 가장 기본적인 물건들은 뭘까? 숟가락, 젓가락, 밥그릇, 냄비, 못, 나사, 칼, 삽 같은 철강 제품이 대부분이야. 그래서 전후 복구를 하려면 무엇보다도 철강 공장을 가동하여야 했어.

모든 것이 다 파괴되었는데
철강 재료는 어디서 구해요?

전쟁으로 폐허가 된 곳에는 철강 재료가 숨어 있었어. 군부대 사격장의 포탄 껍데기뿐만 아니라 파괴된 철도, 무너진 다리, 고장 난 기계, 망가진 강관 등 갖가지 철강의 잔재가 모여 있지. 이런 전쟁 고철을 모아 용광로에서 녹이면 철의 부활이 이루어지는 거야.

당시에는 미군 부대에서 많은 물건이 흘러나왔어. 그중에서 철판 재료로 사용할 수 있는 금속 공관이나 빈 드럼통의 인기는 하늘을 찌를 듯했지.

드럼통을 펴서 만든 철판을 시내버스 차체로 가공하기도 하고, 각종 농기구를 만드는 재료로도 사용했어. 드럼통은 탄소함유량이 적어서 농기구의 재료로는 적합하지 않았지만 아쉬운 대로 가공해서 쓸 수밖에 없었지.

생활필수품 중에는 못이나 철사도 있는데, 이런 것들은 어떻게 만들었을까? 고철을 소형 압연기*에 넣어 선재*로 만든 다음, 이것을 다시 기계에 넣고 길게 늘여 뽑아 철사를 생산했어.

> * **압연기** 회전하는 롤 사이로 가열한 철강 재료를 넣어 막대기나 판 모양으로 만들어 내는 기계
>
> * **선재(線材)** 지름 약 5mm에 단면이 원형인 철강의 재료. 각종 철사나 철망, 와이어로드(강철밧줄) 등을 만드는 원자재로 쓰인다.

드럼통 버스왕 하동환 ▼

자동차 수리 공장에서 일하던 청년 하동환은 6·25전쟁 후 직접 차를 만들기로 결심했다. 1954년 초 마포구 창천동에 있던 집 앞마당에 천막으로 공장을 짓고 하동환자동차제작소를 설립했다.

당시에는 물자가 귀해 버스를 만들 만한 소재가 마땅치 않았는데, 하동환은 미군 부대에서 쏟아져 나오는 폐차 트럭을 불하받아 부품을 조달했다. 엔진과 변속기, 차축 등은 트럭에서 떼어낸 부품을 이용하고, 버스의 프레임은 기차 레일을 자르고 붙여 만들었다. 나무 골조 위에 망치로 편 드럼통 철판을 입혀 만든 차체를 레일 프레임 위에 얹어 고정하면 버스가 완성되었다.

이 드럼통 버스가 지금의 쌍용자동차를 있게 한 역사의 시작이다.

전쟁 전부터 운영하던 소규모 철강 공장에서는 망가진 기계를 수리하고, 열악한 상태의 재료를 가공하면서 철근과 선재를 생산해냈지.

6·25전쟁은 우리나라 철강 산업의 중요한 출발점이라고 할 수 있어. 세계대전과 한국전쟁으로 많은 국가가 심각한 물자난을 겪었기 때문에 우리나라의 작은 철강 회사들이 생산한 제품을 수출할 수 있는 좋은 기회가 되었던 거야.

옛날에는 대장간에서 철기를 만들었잖아요?
우리나라에는 언제부터 철강 공장이 생긴 거예요?

철은 옛날부터 국가가 직접 관리하는 품목이었어. 철광산이나 야철장, 야금장 등을 관청으로 지정하고 장인을 두어 철저하게 관리했지. 예나 지금이나 철은 아주 중요한 국가의 기본 자산이기 때문이야.

국가에서는 땔감으로 쓸 수 있는 나무가 많은 곳에 야철소를 세우고, 철 산지에서 운반해 온 사철이나 철광석을 녹여 무기나 갑옷 같은 군용품부터 백성들이 필요로 하는 농기구에 이르는 철기 제품을 생산했지.

고려 말이 되면서 국가 소속이었던 장인들이 독립해서 자기 공장을 차리기 시

고대 철 가공업의 분업 ▼

옛날부터 철 가공업은 분업이 잘 이루어졌다. 때문에 각 공정을 담당하는 작업자의 명칭도 지역에 따라 다양했다.

대보수군 : 쇳물 녹이는 기술자
숯거리군 : 광석과 숯을 배합하여 용광로에 넣는 기술자
너울군 : 용광로에 바람을 넣는 풍무질 기술자
숯패쟁이 : 숯을 공급하는 사람
돌패쟁이 : 용광로의 원료인 철광석을 공급하는 사람
쇠부리물주 : 제철소를 운영하는 사람

작했어. 이들은 국가의 공물을 생산하면서 한편으로는 일반 백성에게 팔기 위한 시장물품도 생산했지. 18세기가 되어서는 거의 모든 철물 가게가 민영화되었고 철 가공업도 발달했어.

철 가공 수공업은 고대로부터 매우 발달했다고 전해지고 있어. 권병탁 교수의 '쇠부리' 연구에 따르면 신라는 '쇠나라'라고 불릴 정도로 철 산업이 발달했는데, 신라의 수도였던 경주를 비롯해서 울산, 치술령, 토함산, 동대산 인근에서는 무려 82곳의 제철 유적이 발견되었다고 해.

또 충북 진천군 덕산면 석장리에는 초기 백제의 철 생산 유적이 있고, 충주시 이름면에는 고려 시대의 제철 유적이 있어.

우리나라의 전통 제철 산업인 쇠부리는 크게 세 가지 공정으로 나뉘는데, 첫째는 쇠부리(용광로), 둘째는 무질부리(주조), 셋째는 대장간이야. 흔히 우리나라의 전통 철강 산업을 이야기할 때 대장간이 전부인 것처럼 말하는데, 이것은 잘못된 생각이야. 고대로부터 우리나라에는 철을 생산하는 쇠부리 용광로부터 철을 가공하는 대장간에 이르기까지 일관 제철 시스템을 갖추고 있었던 거지.

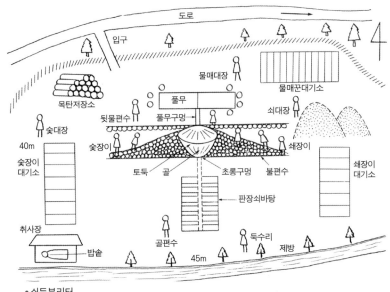

• 쇠둑부리터

우리나라의 전통 철강 기술에 대해
더 자세히 설명해 주세요.

우리나라의 전통적인 철강 제품은 시골 부엌에 있는 가마솥 아니겠니? 가마솥은 무쇠로 만들기 때문에 무쇠솥이라고도 해. 이 무쇠솥 만드는 일을 가마부리, 또는 용선 수공업이라고 하는데, 재래식 기술로 주조한 솥은 '막부리', 근대식 기술로 만든 솥은 '생부리'라고 하지. 전통 방식의 막부리 솥 제작은 60여 명의 노동자가 근대적인 분업을 하는 형태로 운영되었다고 해.

쇠부리가마는 조선 후기의 제철 기술을 이어받은 전근대 방식의 제철로야. 쇠부리가마에 철광석과 사철 등을 넣어 잡쇠를 생산하고, 이 잡쇠를 고온에서 불순물을 제거해 강엿쇠를 얻었지. 그리고 강엿쇠를 길쭉한 장방형으로 가공해서 판장쇠를 얻는데, 대장간에서는 이 판장쇠를 사다가 가공해서 제품을 만들었어.

이렇게 고대부터 이어 내려온 뛰어난 제철 기술은 일제강점기를 맞으면서 쇠퇴의 길을 걷게 돼. 일제는 우리나라에 근대식 제철소를 세워 철강을 생산했지만 전량을 자국으로 빼돌렸고, 우리나라 사람들에게는 자국에서 생산한 제품을 수입해서 쓰게 했어. 우리나라의 자원과 기술, 노동력을 착취하면서 한편으로는 식민시장을 만들어 자국의 산업을 성장시키는 발판으로 삼았던 거야.

정인복의 겸이포제철소 폭파의거 ▼

1920년 독립운동단체인 청년단연합회에서는 정인복에게 황해도 겸이포에 있는 일본인 제철소를 폭파하라는 밀명을 내렸다. 겸이포제철소에서 일본의 전쟁 물자를 생산하는 것을 더 이상 두고 볼 수 없다는 것이었다. 정인복은 겸이포제철소를 폭파한 후 용천에서 일본 경찰에 체포되었으나 용암포로 이송 도중 탈출하여 만주로 건너갔다. 그러나 1922년 밀정인 김윤옥의 밀고로 안동현 삼도구에 있는 중국인 집에서 일본경찰 30여 명에게 피습을 받아 7명의 동지들과 함께 전사하였다.
정인복에게는 1963년 건국훈장 독립장이 추서되었다.

우리나라에도 훌륭한 제철 기술이 있었군요. 우리나라의 첫 제철소도 일제가 세운 거예요?

맞아. 우리나라에 처음 건설된 근대식 제철소는 1914년 황해도 송림군 겸이포 면에 건설된 겸이포제철소야.

겸이포제철소는 일본의 미쓰비시그룹이 건설했는데, 이 제철소가 들어선 솔 메 마을은 대동강 하구에 위치해 있어 공업용수 확보가 수월하고 철광석을 생산 하는 황해철산이 근처에 있어 최적의 조건을 갖추고 있었어.

겸이포제철소는 1918년부터 가동을 시작해서 선철*을 생산했는데, 여기서 생 산된 선철은 곧장 일본으로 실려 갔다고 해. 휴전 협정에 따라 겸이포제철소는 북한의 소유가 되었고, 북한의 주요 산업 기지가 되면서 황해제철소로 이름을 바꿨지.

일제는 해방 즈음 북한 땅에 성진고주파제강소와 미쓰비시광업청진제강소도 세웠지만 제2차 세계대전에 패망하면서 한반도에서 물러갔어.

우리나라 최초의 근대적 제철소가 일제에 의한 거라니, 씁쓸한데요? 남쪽에는 철강 시설이 없었나요?

일제는 한반도 남쪽에 철을 가공하는 제강 회사나 기계를 만드는 제작소를 주 로 세웠어. 리켄콘체른 산하 조선이연금속이 인천에 공장을 세웠고, 코레카와제철은 강원도 삼척에 제철 소를 짓고 소형 용광로 8기를 건설했지.

또 일본의 종합 기계 회사인 요코야마공업사는 광 산용 기계를 생산하기 위해서 인천에 조선기계제작 소를 세웠어. 미쓰비시중공업도 조선중공업주식회 사를 설립했는데, 이 회사는 조선기계제작소와 함께

> *선철(銑鐵) 고로(용광로)에서 철광석을 녹여 만드는 철강 제품의 원자재. 탄소와 규소, 망간, 인, 황 등의 불순물을 많이 포함 하고 있으며, 녹는점이 낮고 단단하기(취 성) 때문에 힘을 가해 누르는 압연이나 망 치로 두드리는 단조 작업을 할 수 없다. 따 라서 선철은 제강이나 주조의 원료로 사용 된다.

식민지 군수 공업화 정책을 견인하는 쌍두마차 역할을 했지.

해방 후에는 우리 자본에 의한 소규모 제강 공장들을 설립하면서 생활에 필요한 철강 제품을 본격적으로 만들기 시작했어. 상수도용 이형주철관을 생산하는 한국기계주물제작소, 철사와 못을 생산하는 조선선재 등이 대표적인데, 이때 설립한 회사 중에는 6·25전쟁을 거치며 피해를 입은 곳이 많았지. 하지만 오뚝이처럼 일어나 망가진 기계를 고치고 새 공장을 마련해서 전후 복구를 위한 철강 제품을 생산했어.

휴전 협상이 시작되자 기업을 설립하는 움직임이 더욱 활발하게 일어나 신생공업사, 강원산업, 동아제강 같은 회사들이 설립되었어. 그중 강원산업은 1952년 설립 당시에는 석탄 회사로 출발했지만, 1960년대에는 골재와 레미콘 같은 건설 재료를 생산했고, 1970년대에는 삼표중공업을 설립해서 철강업으로 뛰어들며 우리나라 철강 산업에서도 아주 중요한 위치를 담당했지.

석탄이 철강을 만드는 연료로 쓰이나요? 강원산업이 우리나라 철강 산업에 어떤 영향을 미쳤는지 궁금해요.

우리나라에서 생산되는 석탄은 모두 무연탄*이야. 초기에는 무연탄도 용광로의 연료로 쓰였지만, 근대 이후 대부분의 용광로에서는 유연탄*을 코크스*로 가공해서 연료로 사용하지. 무연탄으로는 코크스를 만들 수 없어.

우리나라의 석탄은 용광로의 원료로 사용되기보다는 가정 연료나 화력발전소 연료로 더 많이 사용되었지. 석탄으로 화력발전소를 돌리고, 화력발전소에서 생산된 전기가 철강회사의 전기로를 돌렸으니, 석탄은 간접적으로 철강의 연료로 쓰였다고 할 수 있겠네.

강원산업을 설립한 정인욱 회장은 와세다 대학에서 채광야금학을 전공했어. 일본에 유학 중 한국에 들어왔다가 헐벗은 우리 산하의 모습에 충격을 받았다고 해. 그때는 모두 산에 있는 나무를 베어다가 땔감으로 썼거든.

광산학 공부를 마치고 돌아온 정 회장은 미군정청 산하의 상공부 석탄과장, 이승만 정부의 대한석탄공사 이사 등을 맡으면서 국가 주도의 석탄 개발을 강력하게 주장했어. 석탄을 캐서 발전소를 돌려 전기를 생산하고, 그 전기로 공업을 일으켜야 한다고 생각했기 때문이야.

정 회장은 틈 날 때마다 태백산 부근을 헤매며 석탄광을 찾아다녔다고 해. 그리고 마침내 질 좋은 석탄 광맥을 발견했고 1952년 강원탄광을 설립했어. 정인욱 회장은 외국의 기술이나 자본에 전혀 의존하지 않고 재래식 채탄 방법을 혁신해서 국내 최초로 수직갱을 완공하고, 여기에 지금의 엘리베이터 같은 승강작업대를 설치해서 생산성을 향상시켰지.

석탄의 꿈을 이룬 정인욱 회장은 제철 산업으로 관심을 돌려 정부가 나서서 제철 사업을 추진해야 한다고 강력하게 건의했어. 종합 제철소 건설은 워낙 돈이 많이 들어가는 사업이기 때문에 개인이 할 수 있는 일이 아니었거든. 정 회장의 노력이 도화선이 되어 국가가 주도하는 포항종합 제철소 건설 계획이 본격적으로 논의되기 시작했어.

드디어, 질 좋은 석탄 광맥을 찾았어!

그런데 **전쟁으로 파괴된 철강 폐자재는** 어떻게 **새 제품으로 태어나게** 되나요?

1946년 허주열 씨에 의해 설립된 대한철강주식회사가 있어. 그 회사가 바로 지금의 대원강업이지.

대한철강은 수입에 의존하던 스프링의 국산화에 성공했고, 1958년에는 공장을 확장 이전하면서 공장다운 공장을 갖추게 되었지. 강철 스프링을 전문적으로 생산하던 이 회사는 전후 복구 사업에서 아주 중요한 역할을 했어.

전후 복구 사업에 절대적으로 필요한 자원 중의 하나가 트럭이야. 그런데 도로가 모두 파괴되거나 망가진 상황이다 보니, 험한 길을 오가는 트럭들이 쉽게 고장 나 버리곤 했지. 특히 트럭의 주요 부품인 강철 스프링이 끊어지는 사고가 자주 발생했는데, 문제는 휴전 후 우리나라에는 스프링을 만들 수 있는 철강 원자재가 없었다는 거야.

이 문제를 고민하던 대한철강 기술자들은 획기적인 발상을 했어. 교통부에서 불하하는 폐철도가 자동차 스프링의 원자재가 될 수 있다고 판단한 거야.

하지만 폐철강이라고 해서 무조건 자동차 스프링을 만들 수 있는 건 아니었어. 철도 레일은 구조에 따라서 기차의 무게를 감당하는 정도가 다르기 때문에 시간이 지나면 유독 약해지는 부분이 생기거든. 그렇기 때문에 폐레일에서도 자동차용 스프링 재료로 적합한 강도를 보유하고 있는 것은 머리 부분뿐이야. 문제는 레일의 머리를 어떻게 분리하느냐는 거였지.

• 대한제국기 경인철도 레일(등록문화재 제424호)

기술자들은 폐레일을 가열한 다음 특수 기계에 통과시켜 머리 부분만 떼어냈어. 그런 다음 표면을 손질하고 다시 가열해서 압연기에 통과시키면 레일의 머리가 펴져서 직사각형의 평강이 되는데 이것을 스프링강의 소재로 사용했지.

대한철강주식회사의 이 자동차용 스프링은 품질이 아주 우수해서 부품난에 시달리던 자동차 수리 업체의 구세주가 되었어. 미8군까지 납품할 정도로 품질을 인정받았다니, 그야말로 창의 기술의 모델이라고 할 수 있는 사례 아니겠니.

철강 원자재 때문에 어려움이 참 많았네요. 1950년대에는 우리나라에 산업용 용광로가 전혀 없었나요?

그렇지는 않아. 1943년 일본의 코레가와제철이 강원도 삼척에 제철소를 짓고 8개의 소형 용광로를 건설했는데, 이것이 바로 우리나라에 건설된 최초의 현대식 고로*야. 이 고로에서는 하루 20톤의 선철을 생산했는데 전후 복구를 위해 필요한 철강의 수요를 충당하기엔 턱도 없이 적은 양이었지.

이승만 대통령은 이 고로를 보수해서 연산 1만 톤의 선철 생산 능력을 갖추려는 계획을 추진했지만 6·25전쟁이 나면서 중단되고 말았어. 1952년에는 코레가와제철을 삼화제철소로 이름을 바꾸고 국고 보조금을 들여 고로 1기를 보수했는데, 이때도 3개월 정도 조업을 이어가다가 여러 가지 기술적인 문제가 발생하면서 가동이 중단되고 말았지. 이후에도 삼화제철소를 재가동하려는 노력을 여러 차례 시도했고, 1957년부터 1959년 동안에는 부분 생산이 이루어지기도 했지만, 새로 도입되는 큐폴라 용해로*에 생산성이 밀리면서 결국 문을 닫고 말았어.

고로는 보통 유연탄을 가공한 코크스를 연료로 사용하는데, 삼화제철소에서는 코크스 대신 무연탄을 사용했지. 삼화제철소 기술자들은 무연탄의 연소 능력을 개선하기 위해 산소를 투입하기도 하고, 철광

* **고로(高爐)** 철광석을 녹여 선철을 만드는 데 사용하는 높이가 높은 로를 말한다. 보통 용광로와 같은 의미로 쓰이지만, 특별히 철광석을 원료로 하는 로를 구분하여 고로라고 부르기도 한다.

* **큐폴라(cupola) 용해로** 고로에서 생산한 선철을 녹여 주철로 만드는 용해로. 선철은 3% 이상의 탄소를 함유하는 철로, 코크스를 연료로 하는 큐폴라 용해로에서 1,150℃로 녹이면 탄소함유량이 3.0~3.6%인 주철로 변한다. 주철은 주물을 만드는 데 사용한다. 철을 녹여 틀에 넣고 굳혀서 원하는 모양의 금속 제품으로 만든 것을 주물이라고 하는데, 맨홀 뚜껑이나 무쇠 솥 같은 것이 여기에 속한다.

•삼화제철소 고로(등록문화재 제217호)

석과 고철을 혼합하여 고로에 투입해 보기도 하는 등 온갖 실험을 하면서 온몸으로 제철 기술을 습득했어. 어떻게 해서든 고로를 멈추지 않고 가동하여 철강을 생산해야만 했거든.

그리고 그 과정에서 많은 경험 지식을 쌓게 되었지. 고로에서 철의 불순물인 황을 제어하는 것이 얼마나 중요한지, 1,500℃에서 녹은 선철은 어떻게 취급해야 안전한지 알게 된 거야. 현장에서 발생하는 오류는 무형의 교과서와 같았어.

이와 같은 산업기술사적 가치를 인정받아 삼화제철소 고로는 2005년 11월 11일 등록문화재 제217호로 지정되었는데, 포스코에서는 1993년 삼화제철소의 고로 1기를 사들여 원형을 복원하고 2003년부터 포항에 있는 포스코역사관 야외 전시장에 상설 전시를 하고 있어.

일제강점기 때 **일본 회사가 세운 제강 공장들은 해방 후에 어떻게 되었어요?**

해방이 되면서 일본인의 소유였던 국내 재산은 적산 관리*를 거쳐 대한민국 정부의 귀속 재산이 되었지. 일본 자본이 우리 땅에 건설했던 각종 공장과 설비는 국가 자산으로 환골탈태하면서 우리 경제를 이끄는 산업 기지로 변하게 된 거야.

> * **적산 관리(敵産管理)** 전쟁 중 교전국이 자기 나라 안에 있는 적국인의 재산이 적국의 전력에 도움을 주지 못하도록 강제적으로 관리하는 일

일본의 가네부치공업은 조선이연금속의 인천공장을 인수한 후 종합 제철소로 발전시키려는 계획을 가지고 있었어. 회전로 2기와 전기 가열식 소형 환원로 48기, 평로 공장과 압연 설비 등을 추가로 건설

해서 <u>일관 생산 체제</u>*를 갖춘 종합 제철소로 확장시키려는 속셈이었지.

해방과 함께 일본인들이 물러나자 이승만 대통령은 이곳에서 일했던 한국인 간부 이강우 씨에게 귀속재산 관리인 자격을 임명하고 공장과 설비의 운영을 맡겼어.

1948년 6월 1일, 가네부치공업 인천공장은 대한중공업공사로 이름을 바꾸고 상공부 직할 공장으로 지정되었고, 이승만 정부가 출범하면서 대한민국의 정식 산업 자산이 되었지.

* 일관 생산 체제 원자재부터 최종 제품까지 한 회사에서 생산하는 체제. 철강 산업에서는 ① 고로에서 철광석을 녹여 철을 생산하는 제선 공정 ② 제선 공정에서 생산된 철에서 불순물을 없애 강철로 만드는 제강 공정 ③ 제강 공정에서 나온 강철을 굳혀 철판이나 각형 강재 등과 같은 최종 제품으로 만드는 압연 공정의 세 단계를 통틀어 일관 생산 체제라고 한다. 일관 생산 체제를 모두 갖추고 있는 곳을 종합 제철소 또는 일관 제철소라고 한다.

그런데 6·25전쟁이 터진 거야. 대한중공업공사 간부들은 가네부치공업이 일관 제철소를 세우려고 작성했던 모든 설비의 계획서와 도면, 부속 자료를 챙겨 들고 부산으로 피난했어. 전쟁이 한창인 때도 그들은 부산에서 대한민국 철강 산업을 부흥시키려는 연구를 계속했지. 그리고 1953년, 이승만 정부의 철강업 재건 계획에 따라 대한중공업공사는 정식 국영 기업체로 발족하게 돼.

그해 4월 이승만 대통령은 '철강 산업 진흥책'을 발표하고 대한중공업공사 인천공장 평로 건설을 시작했지. 공장에서부터 설비에 이르기까지 평로 공장 건설은 험난한 과정의 연속이었지만 결국 모든 어려움을 이겨내고 11월 13일에 시험 출강이 이루어졌고, 마침내 11월 15일 준공식이 거행되었지.

경제개발5개년계획

오늘날의 산업 강국 대한민국을 만든 것은 1962년 1월 13일 발표된 경제개발 5개년 계획이 그 출발점이었다고 할 수 있다. 경제개발5개년계획은 장면 정부 시절에 마련한 안을 바탕으로 5·16군사정부가 '제1차 경제개발5개년계획'을 세우고 1962년부터 시행하였으며 1996년 제7차 계획을 끝으로 막을 내렸다.

경제개발5개년계획의 기본 방침은 민간 자유 기업의 원칙은 있으나 중요 부문에 대해서는 정부가 직접 관여한다는 것을 비롯하여, 정부 주도의 공적 부분에 중점을 두고 민간 부문의 자발적인 활동을 강화한다는 내용으로 이루어져 있다.

경제개발5개년계획의 가장 큰 목표는 '자립 경제'였다. 힘들고 배고팠던 시기를 견디게 한 단 하나의 목표는 온 국민이 더 잘 살게 될 내일을 건설하자는 것이었다. 정부의 주도적인 계획과 추진 아래 온 국민이 힘을 합쳐 어려운 시기를 넘기고 경제 성장을 이루면서 우리나라의 장기적인 발전 토대를 마련했다는 점에서 역사적인 의의를 지니고 있다. (국가브랜드위원회 공식블로그 2011.01.12.)

경제개발5개년계획의 주요 사업

계획 명칭	주요 사업	비고
제1차 경제개발 5개년 계획 (1962~1966)	• 에너지원 확충(전력, 석탄) • 기간산업 확충 • 사회 간접 자본	• 베트남 파병 • 고속도로 건설 • 발전소 설치
제2차 경제개발 5개년 계획 (1967~1971)	• 식량 자급 자족과 산림 녹화 • 공업화 추진 • 과학 기술 진흥	• 공업 단지 건설
제3차 경제개발 5개년 계획 (1972~1976)	• 경제 자립 • 중화학 공장 건설	• 1973년 1차 오일쇼크 • 중동에 건설근로자 파견
제4차 경제개발 5개년 계획 (1977~1981)	• 자력 성장 구조 확립 • 기술 혁신	• 1977년 100억 달러 수출 달성 • 1979년 2차 오일쇼크
제5차 경제개발 5개년 계획 (1982~1986)	• 물가 안정 • 개방화 • 시장 경쟁 활성화	• 획기적인 물가 안정 • 1986년부터 3저 호황으로 경상수지 흑자
제6차 경제개발 5개년 계획 (1987~1991)	• 자율 경쟁 개방에 입각한 시장 질서 확립 • 소득 분배 개선	• 1988년 서울올림픽 개최
신경제 5개년 계획 (1993~1997)	• 기업 경쟁력 강화 • 사회적 형평 제고와 균형 발전 • 개방·국제화 추진과 통일 기반 조성	• 문민정부 출범

03

대한민국의 심장,
일관 제철소를
건설하자!

모두가 먹고 살기조차 힘들었던 고난의 시절, 산업을 부흥하여 경제
를 되살리기 위해서는 좋은 철을 싼값에 지속적으로 공급하는 일관
제철소 건설이 급선무였다. 그러나 우리가 손에 쥔 것은 아무것도 없
었다. 냉정한 국제 비즈니스계의 면모와 조상의 혈세로 종합 제철소
가 탄생하게 된 경위를 알아본다.

타임머신을 타고
포항제철소 건설 현장으로!

"아빠, 우리 여름휴가 어디로 가요?"

"아직 생각 중인데? 말 나온 김에 찾아볼까?"

아빠와 재철이가 지도를 펼쳐 놓고 행복한 고민에 빠져 있는데, 엄마가 오시더니 대뜸 한반도 꼬리 근처를 턱 짚으며 말씀하셨다.

"이번 휴가는 포항으로 가요. 오빠네가 죽도에 횟집을 여셨대요. 가서 물회도 먹고, 근처에 있는 해수욕장도 가고, 좋잖아요."

생각지도 못한 엄마의 제안에 재철이는 당황했다.

"포항은 너무 덥잖아요! 더위 피하려고 가는 건데, 제일 더운 곳으로 휴가를 가자고요?"

"이열치열이라는 말도 있잖아."

엄마는 태연히 대꾸하셨고, 아빠도 선선히 고개를 끄덕이셨다.

"이열치열 좋지. 그런데 재철이 너, 포항이 왜 더운 줄 아니?"

"왜 더운데요?"

"대한민국의 심장이 있기 때문이야. 그러니 더울 수밖에 없지. 심장은 뜨거워야 해. 그래야 살아 있는 거니까."

심장은 뜨거워야 하는 것이 맞지만 대한민국 심장이 왜 포항에 있는 거지? 재철이가 고개를 갸우뚱하자, 아빠가 말씀하셨다.

"포항에는 우리나라 산업의 심장, 포항제철소가 있잖아."

"포항제철소가 왜 심장인데요? 아하, 뜨거운 용광로가 있어서 그렇구나!"

재철이는 비로소 아빠의 말씀을 이해했다.

"맞아. 포항제철소는 우리나라 산업 역사의 심장과 같은 존재지. 1970년대부터 1980년대에 이르는 산업 부흥기 때 중추적인 역할을 했거든. 철을 산업의 쌀이라고 하지? 쌀을 생산하기까지 흘린 농부의 땀이 얼마나 될지 생각해 본 적 있니?

철강도 마찬가지야. 수많은 철강인이 1년 365일 한순간도 쉬지 않고 뜨거운 용광로 앞에서 땀 흘려 일하기 때문에 철강이 생산되고, 이렇게 생산된 철강을 바탕으로 우리나라 산업이 제대로 돌아갈 수 있었던 거야."

재철이의 눈이 휘둥그레졌다.

"포항제철이 그렇게 중요한 역할을 했다는 건 한 번도 생각해 본 적이 없어요."

"아빠 어릴 때 포항제철에서 첫 쇳물이 나왔다는 뉴스를 듣고, 무척 좋아하시던 할아버지 모습이 생각나는구나. 술 한 잔 드시며 이제 우리나라도 뭐든 할 수 있다고 기뻐하셨는데 아빠도 괜히 가슴이 뭉클했었지. 그때 아빤 포항제철이 뭔지도 몰랐지만, 할아버지의 모습만으로도 괜히 가슴이 뜨거워졌어. 아마도 그 당시 우리나라 국민은 모두 같은 마음이었을걸?

이렇게 포항제철소는 우리나라 경제를 일으키는 데 큰 역할을 했어. 제철소 건설 당시 우리는 아무것도 가진 것이 없었지. 그러니 그 거대한 제철소를 건설하는 데 얼마나 많은 우여곡절이 있었겠니.

그러니까 우리 이번 기회에 포항제철소를 방문해서 현장에서 들려오는 생생한 목소리를 느끼면서 타임머신을 타고 과거로 날아가 보자. 포항제철소 건설 시점으로 돌아가 그 생생한 산업의 역사를 탐험해 보는 거야. 어때? 콜?"

우와, 포항제철소 정말 커요!
규모가 어느 정도예요?

● 포항종합 제철소 전경

포항제철소의 부지는 약 900만m2인데 이것은 여의도 면적의 약 3배라고 해. 이 드넓은 땅에 아주 많은 공장과 설비들이 빼곡하게 들어서 있는데, 원료 수송 선박이 정박할 수 있는 항구에서부터 원료 야적장, 제선-제강-압연으로 이어지는 일관 제철의 공장들, 화력발전소, 배수종말처리장에 이르기까지 수많은 공장과 시설들이 있지. 여기서 근무하는 포스코 직원의 수만 해도 8,600여 명이라고 하니 어마어마하지?

포항제철소가 있는 영일만 일대에는 철강 제품을 가공하는 많은 철강업체가 모여 거대한 공업단지를 이루고 있어.

그럼 먼저 포항이 종합 제철소 부지로 선정된 과정을 알아볼까? 포항종합 제철소가 들어선 경상북도 영일군 대송면 일대는 원래 황량한 모래밭이었다고 해. 농·어민이 사는 작은 마을들과 솔밭, 묘지, 해병대 훈련장 등이 있었고, 경제적으로 낙후한 지역이기도 했지. 거기에 일부 지반은 불규칙한 암반 구조여서 제철소가 들어서기에 좋은 조건이 아니라는 평이 많았어.

1958년 이승만 정부가 처음 종합 제철소를 계획할 때는 강원도 양양이 유력한 후보지였어. 철광석을 생산하는 양양철산 때문이었는데, 국산 철광석은 품질이 낮고 매장량도 적어서 실효성이 없다는 결론이 나오면서 양양은 종합 제철소 후보지에서 멀어졌지.

● 포항제철소가 들어서기 전 영일군 대송면 등촌동 일대의 모습

1967년 박정희 정부가 종합 제철 사업을 추진하자 동해안에 있는 삼척, 묵호, 속초, 월포, 포항, 울산, 그리고 남해안의 부산, 진해, 마산, 삼천포, 여수, 보성, 목포, 서해안의 군산, 장항, 비인, 아산, 인천 등 총 18개 지역이 후보지로 올라왔어. 정부는 최적의 입지 선정을 위해 미국과 일본에 기술 조사단에게 검토를 의뢰했는데 그 결과 일본 조사단은 울산, 삼천포, 마산을 추천했고, 미국 조사단은 울산, 삼천포를 추천했지. 정부는 자문단이 공동으로 추천한 울산과 삼천포 외에 월포, 포항, 보성을 합해서 5곳의 후보지를 선정했고, 각 후보지에 소요되는 건설 비용과 제반 요건을 심사한 결과 1967년 7월 최종적으로 포항이 선정되었어.

후보지가 많았는데 그중에서 **포항**에
종합 제철소를 건설한 이유는 뭐예요?

국제 자문단은 우리나라가 1년에 생산하는 쇳물의 양이 100만 톤 규모면 될 거라고 했지만, 우리 정부는 최소 300만 톤은 되어야 한다고 생각했지. 그래서 연산 300만 톤 규모의 제철소가 들어설 수 있는 넓은 면적이면서 건설비가 가장 적게 드는 곳을 최종 선정했는데, 그곳이 바로 포항이었던 거야.

종합 제철소 건설은 부지 면적, 건설 비용 외에도 고려해야 할 사안이 아주 많아. 우선은 교통 조건이 좋아야 해. 제철소에는 엄청난 양의 원료를 운반하는 대형 선박이 정박할 수 있는 항구가 있어야 하고, 생산품을 적재적소로 실어 나를 수 있는 도로망과 철도도 구비되어야 하니까. 포항은 당시 건설 중이던 경부고속도로와 경부선 철도가 가까이에 있고, 2개의 국도와 6개의 지방도로가 있어서 교통망 구축에 유리한 상황이었어.

그리고 포항제철소가 있는 부지는 2.5km에 이르는 해안 지역을 포함하고 있었는데, 영일만을 감싸고도는 형태의 육지가 동해의 강한 파도를 막아 주는 역할을 하는 데다가 조수 간만의 차가 적고 수심이 깊어 천혜의 항구 조건을 갖추고 있었지.

당시의 포항은 인구가 5만여 명인 낙후된 소도시였지만 지리적으로 부산과 대구가 가까워 노동력 확보에도 유리하다는 평가가 내려졌어. 여기에 안보적 요인이 추가되었지. 6·25전쟁 때 낙동강 방어선까지 후퇴했던 쓰라린 기억 때문에 상대적으로 함락 시기가 짧았던 포항이 제철소 건설 부지로 타당하다고 판정된 거야.

대한민국 경제국보 제1호 '포항제철소 1고로' ▼

중앙일보사는 2011년 1월 신년 대기획으로 대한민국 경제국보를 발표했다. 변변한 공장 하나 없던 변방 국가가 오늘날 초일류 상품을 쏟아내는 지구촌 경제의 신흥 파워로 성장하기까지 결정적 기여를 한 유·무형의 경제적·산업적 유산을 '대한민국 경제국보'로 칭한 것인데, 포항제철소 1고로가 경제국보 제1호로 선정되었다.

경제 및 산업 전문가 55명으로 구성된 자문위원단은 포항제철소 1고로가 1973년 6월 8일 준공된 이래 지금까지 누계쇳물 약 4,360만 톤을 생산, 우리나라가 세계 4위의 철강 대국과 세계 10위권의 경제 대국으로 성장하는 데 큰 발판을 마련한 공로가 있다고 선정의 의의를 밝혔다.

포항제철소의 1고로 이외에도 경제국보 제2호로 현대자동차의 포니 자동차, 경제국보 제3호는 삼성전자의 64KD램, 경제국보 제4호는 경부고속도로가 선정되었다.

대부분의 **공업 단지를 바다와 인접한 곳에 건설하는 이유**가 있네요. **종합 제철소를 포항에 건설한 또 다른 요인**이 있어요?

제철소에는 다량의 공업용수*가 필요해. 제철소에서 쓰는 공업용수는 냉각수* 와 세척수, 보일러 가동 등을 위해 쓰이는데, 포항제철소는 안동 임하댐 물을 공업용수로 공급받고 있어.

포항제철소에서는 하루에 약 17만 톤의 물을 사용하는데 공장에서 사용하는 물은 98%가 재순환되고, 나머지 2%의 물은 제철소 내에 있는 배수종말처리장에서 정수 처리해서 도로나 원료 야적장의 살수로 사용하고 있어. 물 한 방울도 함부로 버리지 않고 알뜰하게 관리하고 있다고 생각하니 아빠는 마음이 참 흐뭇하더구나.

제철소 건설하는 데는 날씨 요인도 중요해. 연간 최대 강우량이 공장 지붕의 경사를 결정하는 데 영향을 주고, 폭풍 일수는 부두의 하역 기계 가동률에 영향을 미치거든. 최고 기온과 최저 기온은 열교환기의 설계에 영향을 주고, 최고 풍속은 높은 구조물에 부딪히는 풍압과 직결되지.

포항은 해류의 영향 때문에 비교적 온화한 기후이면서 다른 지역에 비해 강수량이 적은 지역이야. 그러니 원료 가루를 1년 365일 야적장에 쌓아 두고, 고로나 굴뚝처럼 높은 구조물이 많은 제철소를 짓기에 포항의 날씨는 최적이었어.

이처럼 여러 가지 경제적 조건과 과학 기술적 요인을 고려하여 포항을 종합 제철소 건설 부지로 선정했던 거야.

> * **공업용수** 기계의 열을 식히거나 제품의 처리 등을 위해서 사용하는 물. 그 전에는 지하수를 주로 사용했지만, 요즘은 공업용수도를 주로 이용한다.
>
> * **냉각수** 높은 열을 내는 기계나 뜨거운 물질을 식히는 데 쓰는 물

제철소를 지으려면 돈이 많이 들었을 것 같아요. 1960년대는 우리나라가 아주 가난했을 때인데, 제철소 건설 자금은 어떻게 구했어요?

1960년대는 우리나라가 전후 복구를 넘어 경제 부흥이라는 숙제를 풀어야 하는 시기였어. 하지만 가진 것이라곤 열정과 신념뿐, 아무것도 없었지. 그래서 거의 모든 국가 사업이 외국에서 차관*을 들여오는 계획에서부터 출발했어.

제2차 경제개발5개년계획을 추진하면서 미국과 일본, IBRD* 등에 제철소 건설을 위한 차관을 요청하던 박정희 대통령은 1965년 대한중석 박태준 사장을 동행하고 정상 회담차 미국을 방문했어.

박정희 대통령은 박태준 사장과 함께 미국의 철강 산지인 피츠버그 공업 지대를 방문해 제철소 건설 기술 용역 회사인 코퍼스 사의 포이 회장에게 우리나라의 종합 제철소 건설 계획에 대해 설명했지.

마침 한국에서 사업할 기회를 찾고 있던 포이 회장의 주선으로 1966년 12월에 미국, 서독, 영국, 이탈리아, 프랑스의 5개국 7개 회사가 참여하는 KISA* (Korea Iron and Steel Associates, 대한국제제철차관단)가 발족되면서 우리 정부는 한시름 놓았지. 이들이 종합 제철소 건설 자금을 확보하는 데 큰 힘이 되어 줄 것이라고 믿어 의심치 않았거든.

1967년 4월 6일, KISA 대표 포이 회장과 우리나라 장기영 부총리가 '종합 제철 건설 가협정'을 체결했는데, 협정의 내용이 우리의 기대와 너무 동떨어진 소규모 제철소를 다루고 있어서 다시 추가 협상으로 이어지게 되었어.

그해 가을, 박정희 대통령은 대한중석 박태준 사장을 종합 제철소 건설추진위원장으로 임명했지.

포항제철소 하면 박태준, **박태준** 하면 포항제철소가 떠올라요. 마치 **세트**처럼요.

맞아. 그날 이후 박태준은 자신의 삶을 대한민국 철강 산업에 바쳤다는 평가를 받고 있으니까. 그래서 사람들은 그에게 '철강왕 박태준'이라는 이름을 헌정했지.

박태준 사장은 포항종합 제철소 건설추진위원장으로 내정되자마자 KISA와의 합의 각서에 위원장 서명이 필요하다는 경제기획원의 급한 연락을 받았어.

해외 출장 중이던 박태준 위원장은 공항에 도착하자마자 경제기획원으로 직행했는데, 경제기획원에서는 포항종합제철 공업 단지 기공식이 10월 3일로 정해졌기 때문에 협정 체결 사인부터 해 달라고 요구했지. 기

• 철강왕 박태준

공식 전에 반드시 협정 체결을 마무리해야 한다며 사인부터 먼저 하고 검토는 천천히 해 달라고 요구한 거야.

하지만 박태준 위원장은 합의 각서에 사인하기를 거부했지. 내용 검토 없이 무작정 사인부터 할 수는 없다는 거였어. 그러니 기공식을 연기하는 한이 있더라도 서류부터 검토해야겠다고 주장한 거야. 종합 제철소 건설추진위원장으로 임명된 이상 모든 책임은 자신에게 있으며, 따라서 기공식을 연기하는 한이 있더라도 서류부터 검토해야겠다고 자리를 박차고 나왔지.

그리고 변호사와 함께 협정문의 내용을 꼼꼼하게 분석한 결과, 합의 각서의 내용이 전적으로 KISA에게 유리하게 작성되어 있다는 사실을 발견했어. 협정문의 내용이 KISA가 담당할 기술 용역 부분에만 초점이 맞춰져 있고, 정작 우리나라 입장에서 가장 중요한 자금 조달 부분은 애매모호하게 처리되어 있었던 거지. 게다가 차관이 성립되건 안 되건, KISA는 어떤 법적 책임도 지지 않는다는 내용이 명시되어 있었어.

박태준 위원장이 경제기획원장을 겸임하고 있던 장기영 부총리를 찾아가 엄중 항의하자, 장 경제부총리는 일단 기공식부터 치르고 다시 이야기하자고 사정했어. 하지만 박태준 위원장은 단호하게 거절했지.

결국 이 소식은 박정희 대통령에게 전해졌어. KISA와의 합의가 잘되어 가고 있다고 알고 있던 대통령은 원만하게 일을 처리하는 것도 능력이라고 충고했지만, 박 위원장은 합의 각서에 중대한 결함이 있기 때문에 그렇게 할 수 없다고 보고했지. 서류를 직접 검토한 박정희 대통령은 노발대발했어.

1967년 10월 3일, 포항종합제철 공업 단지 기공식에 참석하러 가던 도중 장기영 경제부총리 겸 경제기획원장은 청와대로부터 해임을 통고받았어. 그래서 해임된 부총리 겸 경제기획원장이 포항제철소 공업 단지의 기공식 축사를 낭독하는 아이러니한 상황이 벌어졌지.

박태준 위원장의 곧은 성품을 보여 주는 일화네요.
그래서 KISA와는 어떻게 되었어요? 차관을 받게 되나요?

KISA와의 기본 협정은 조정 과정을 거쳐 1967년 10월 20일에 정식 체결했지만 내용이 크게 달라진 것은 없었어. 이미 확정된 내용을 되돌리기엔 너무 늦었던 거지.

1968년 포항종합제철주식회사를 창립하고, 박태준 사장이 취임하면서 포항제철소 부지 공사가 본격적으로 시작되었어. 이제 돈이 계속 들어가야 해.

하지만 애초에 차관 도입을 목적으로 설립한 KISA는 계속해서 수동적인 태도로만 일관했지. KISA 회원국 중 프랑스와 영국, 이탈리아는 차관 제공에 긍정적이었지만 문제는 미국과 독일이었어. 포항제철소의 가장 중요한 설비를 공급하기로 한 미국과 독일이 오히려 소극적인 태도로 일관했던 거야. 그중에서도 특히 미국의 태도가 중요했는데 독일은 미국의 결정에 따라갈 분위기였고, 차관을 약속했던 세 나라마저도 미국의 결정에 따라 약속을 번복할 수 있었기 때문에 우리 정부까지 모두가 미국의 태도에 촉각을 곤두세우고 있었지.

KISA를 통해서 조달해야 하는 자금은 1억 900만 달러였는데 도입이 확정된 것은 영국과 프랑스, 이탈리아가 제공하겠다는 차관 4,300만 달러에 불과했어.

미국과 독일은 차관 공여 결정을 계속 미루다가 1968년 11월 뜬금없이 IBRD에 한국 정부의 차관 요청에 대한 심사를 의뢰했어.

그런데 IBRD가 한국의 종합 제철 사업에 대한 비관적 전망을 담은 '1968년도 한국 경제 평가 보고'를 미국수출입은행에 제출한 거야. IBRD는 이 보고서에서 '한국의 종합 제철 계획은 경제적 타당성이 없고, 한국의 외채 상환 능력은 국제 경제에 문제를 일으킬 수 있으므로, 종합 제철 사업보다 노동 집약적이고 기술 집약적인 기계 공업에 우선순위를 두어야 한다.'고 주장했지.

IBRD의 보고서가 나오자 KISA는 마치 기다리고 있었다는 듯 술렁이기 시작했어. KISA의 실질적 자금원이 될 것으로 기대했던 미국수출입은행은 IBRD의 입장에 동조했고, 미국의 대외 원조 기관인 USOM(United States Operations Mission)도 우리 경제기획원 장관에게 '포항종합제철 사업의 확정 재무 계획에 대한 분석'이라는 서신을 보내 종합 제철소 건설 계획에 반대 의견을 표명했지. 이 서신에 따르면 한국은 국내 철강 업체의 이익을 보호하기 위하여 종합 제철소 건설 논의를 중단해야 한다는 거야.

하지만 이 보고서가 얼마나 모순적인 내용을 담고 있는 것인지, 당시 우리나라의 철강 산업 현황을 보면 금방 알 수 있어. 1960년대 우리나라에는 쇳물을 생산하는 시설이 전혀 없었다고 해도 과언이 아니야. 삼화제철소를 가동해 보려고 갖은 애를 썼지만 결국 실패했고, 대한중공업공사 평로 공장이나 중소 전기로 업체들이 고철을 녹여 쇳물을 생산했지만, 여기서 나오는 철강의 양은 한계가 있었지.

그래서 우리나라 철강 공장의 소원은 하루빨리 값싸고 질 좋은 철강을 공급받는 거였어. 그래야 안정적으로 공장을 가동하고, 원하는 제품을 생산할 수 있으니까. 그러니 '국내 철강 업체의 이익 보호를 위해 종합 제철 건설 논의를 중단해야 한다'는 USOM의 보고서가 얼마나 얼토당토않은 내용인지 이해가 되지 않니?

공정하고 합리적이라는 **국제 기관들이** 어떻게 말도 안 되는 이유로 우리나라의 종합 제철소 건설을 방해하는 거예요?

비즈니스 세계에서 공정하고 합리적인 것의 기준은 가치가 아니라 이익이야. 포항종합제철 건설 계획은 실패할 위험성이 높다고 판단했기 때문에 그들에게는 합리적으로 투자를 철회할 수 있는 이유가 되는 거지.

1968년 포항종합제철주식회사가 창립되었고, 박태준 종합 제철소 추진위원장이 사장으로 임명되었어. 이제 본격적으로 건설 자금을 투입해야 하는 상황이 된 거지. 이듬해 미국을 방문한 박태준 사장은 철강 업체 관계자들을 일일이 만나며 차관 도입을 도와달라고 간청했어. 하지만 그들은 IBRD와 USOM의 보고서를 거론하며 거절 의사를 밝혔지.

그럼에도 불구하고 끝까지 포기할 수 없었던 박태준 사장은 포이 회장을 만나 마지막 담판을 시도했어. 하지만 포이 회장의 마음은 이미 돌아선 지 오래였지. 박태준 사장은 더 이상 KISA에 희망이 없다고 생각했어. 그리고 한편으로는 귀국했을 때 마주쳐야 할 현실을 생각하니 막막하기만 했지. 포항제철 공업단지는 부지 공사가 한창 진행 중이었고, 대한중석이 투자한 초기자금 4억 원은 이미 바닥을 드러내고 있는 상황이었거든. 포기할 수도 없고, 뒤로 잠시 물러날 수도, 앞

USOM 보고서의 주요 내용 ▼

- 포항제철 건설은 기존의 한국 철강 공업의 존립과 장래 확장 계획에 위협을 줄 뿐만 아니라 철강재의 가격 구조를 교란시킬 우려가 있다.
- 포항제철 건설 계획은 수입 기자재에 대한 면세와 수입 철강재에 대한 보호관세 등 여러 가지 특혜 조치를 전제로 하고 있다.
- 기존 업체의 확장 계획을 억압할 우려가 있으므로, 차라리 전기로 제강법을 채택하는 것이 좋겠다.
- 이러한 여건 아래 선강 일관 제철이 아닌, 연속식 열간 압연 공장만 단독으로 건설하는 것이 좋겠다.

으로 나아갈 수도 없는 그야말로 '사면초가'에 몰린 거지.

그런 박태준 사장에게 포이 회장은 선심이라도 쓰듯 하와이 휴가를 제안했어. 하와이에 있는 자기네 부사장 콘도에 들러 머리나 식히고 돌아가라는 거였지. 박태준 사장은 포이 회장의 호의를 받아들였어. 아무에게도 방해받지 않고 혼자 생각할 수 있는 시간이 절실하게 필요했기 때문이야.

KISA와의 모든 계약은 1969년 9월 2일자로 종료되었어.

KISA는 어떻게 그럴 수가 있죠?
도와주겠다고 해놓고 그렇게 배신을 하다니!
그럼 이제 어디서 자금을 구해야 하나요?

KISA를 무작정 비난할 수만은 없어. 시장과 자본의 논리에 충실했던 그들의 눈으로 보면 대한민국의 종합 제철소 건설은 투자 위험이 높은 무모하고 불확실한 사업이었거든. 다만 아빠는 KISA가 현실의 이익을 보는 눈은 정확했을지 몰라도 미래의 가능성을 보는 눈은 별로였다고 생각해. 진정한 비즈니스는 돈을 버는 것이 아니라 가치를 실현하는 것이라고 생각하니까.

이유야 어쨌든, 하와이 휴가는 포항제철소의 새로운 출발점이 되는 결과를 낳았어. 박태준 사장이 하와이에서 홀로 머물며 여러 가지 생각을 하다가 문득 대일청구권 자금을 떠올렸기 때문이야. 여러 가지 우여곡절이 있었지만 결과적으로 이 대일청구권 자금이 대한민국 종합 제철소의 종잣돈이 되었지.

복잡하고 어려운 일일수록 한 걸음 뒤로 물러서 객관적으로 바라보는 게 중요해. 박태준 사장이 하와이에서 생각할 시간을 가진 덕에 포항제철소 건설 계획은 새로운 돌파구를 찾게 된 거야. 그래서 우리는 이것을 '하와이 구상'이라고 부르지.

하와이 구상이라니, 낭만적이라는 생각이 드는데요?
대일청구권 자금이라면, 이번에는 일본이 우리를 돕는 건가요?

인간관계도 그렇지만, 국가 간의 관계에서는 영원한 적도, 영원한 친구도 없다고 해야 할 거야. 식민지 시대를 보내며 일본과 원수지간이었던 것이 엊그제인데, 시대가 바뀜에 따라 일본과 화해해야 하는 국가적 요인이 발생하게 되었지.

1965년 6월 22일, 한일 양국은 '한일 기본 조약'을 체결하면서 적대시하던 관계를 청산하고 우호적인 관계를 유지하는 국교 정상화 정책을 펴기로 했어. 한국은 당면 과제인 경제 성장을 위해서 일본의 자본과 기술, 시장이 필요했고, 일본 역시 같은 이유에서 한국과 국교 정상화를 이루어야 하는 입장이었지.

그런데 국교 정상화를 위해서는 양국 간의 역사에서 청산해야 할 문제들이 남아 있었어. 특히 재산 문제가 그랬지. 우리나라는 일본이 식민 지배하면서 강탈해 간 재산과 피해를 보상받아야 하고, 일본은 우리나라에 두고 간 일본인의 재산을 되찾아야 한다는 문제가 대두된 거야.

한국 내에 있던 모든 일본인의 재산은 1945년 12월 6일 '미군정법령 제33호 귀속재산처리법'에 의해서 미군정청에 귀속되었어. 대한민국 정부가 수립되자 미군정청은 보유하던 일본인의 재산을 한국 정부에 이양했지.

일본은 한국 정부를 상대로 일본인의 재산을 돌려달라는 대한청구권을 요구했어. 그러나 1951년 체결된 샌프란시스코 대일강화조약으로 한국에 있던 일본인의 재산 처리 과정이 합법적임을 공식 인정하면서 일본의 대한청구권은 자동 무효가 되었어. 이제 우리나라가 일본에 요구한 대일청구권만 남은 거야.

대일청구권은 1965년 6월 22일 한·일 기본 조약에 의해 확정되었어. 일본은 한국에게 3억 달러를 무상으로 10년간 지불하고, 정부 간 경제 협력 차관으로 2억 달러를 10년 동안 제공하며, 민간 상업 차관으로 1억 달러 이상을 제공하기로 약속한 거지.

그런데 **어떻게 해서 대일청구권 자금**을 **포항종합제철 건설에 사용**했나요?

대일청구권 자금은 원래 한·일 양국 간 합의에 의해서 농림수산업 발전에만 사용하고, 중공업 분야에는 사용할 수 없도록 정해져 있었어. 그래서 제철소 건설 비용으로 사용 목적을 바꾸려면 일본 정부의 동의가 필요했지.

하와이에서 귀국한 박태준 사장이 남아 있는 대일청구권 자금액을 확인해 보니 7,000만 달러 정도였어. KISA를 통해 지원받으려던 제철소 건설 비용인 1억 900만 달러의 70%에 해당하는 금액이었지.

일본에게 청구한 대일청구권의 구체적 항목

한국은 일본에게 아래 조항을 포함한 8개 조항으로 대일청구권을 요구했다.

(1) 1909~1945년까지 조선은행을 통해 일본으로 반출된 지금(地金) 249톤과 지은(地銀) 67톤

(2) 조선총독부가 한국 국민에게 반환해야 하는 각종 체신국의 저금·보험금·연금

(3) 일본인이 한국의 각 은행으로부터 인출해 간 저금액

(4) 한국에 있는 금융기관을 통해 바꿔갔거나 송금해 간 금품 및 한국 본사나 주사무소가 있는 한국 법인의 일본 내 재산

(5) 징병·징용을 당한 한국인의 급료와 수당, 보상금

(6) 종전 당시 한국 법인이나 한국인이 소유한 일본 법인의 주식 및 유가증권 은행권

대일청구권에는 36년간의 일제강점기 동안 한국 국민 개개인이 당한 정신적·물질적 피해에 대한 보상은 포함되지 않아 두고두고 논란이 되고 있다. 일본은 한국과 미얀마, 필리핀, 인도네시아, 베트남 5개 국에 청구권 자금을 지원했는데, 무상 자금은 필리핀이 5억 5,000만 달러로 가장 많았고, 한국이 3억 달러, 인도네시아 2억 2,000만 달러, 미얀마 2억 달러, 베트남 3,900달러 순으로 지원했다.

조상의 혈세로 탄생한 포스코 ▼

나는 포스코의 종잣돈이 된 대일청구권 자금 7,370만 달러를 '조상의 혈세'라고 불렀습니다.
그래서 나는 "조상의 혈세로 건설하는 제철소다. 실패하면 '우향우'해서 영일만 바다에 빠져 죽자!"고 외
쳤습니다. 목숨을 건 영혼의 절규와 같았는데, 이것이 포스코의 유명한 '우향우 정신'입니다.

— 박태준 포스코 명예회장 대전일보 단독인터뷰(2008.08.27) 중에서

박정희 대통령은 박태준 사장에게 대일청구권 자금의 사용 목적을 바꾸는 문제를 해결하라는 임무를 맡겼어. 이 문제를 해결하려면 두 가지가 필요했지. 첫째는 일본 철강 업계의 확고한 지지를 받아야 하는 것이고, 둘째는 일본 내각의 최종 결정을 받아내야 하는 거야. 박태준 사장은 친한파 일본인들을 찾아다니며 도움을 요청했어.

한국에 우호적인 일본인들의 노력으로 일본 정부는 대일청구권 자금 전용에 대해 긍정적인 반응을 보였고, 1969년 12월 3일 한국과 일본 간에 포항종합 제철소 건설 자금에 대한 한·일 기본 협약이 이루어졌어. 포항종합 제철소 건설에 필요한 자금은 대일청구권 무상 자금과 일본 정부의 재정 차관을 중심으로 조달한다는 내용이 약정되었지.

대일청구권으로 제철소 건설 자금을 해결한 박태준 사장은 막중한 책임감을 느꼈어. 조상들의 피값으로 제철소를 짓는다고 생각하니 어깨가 무거워진 거야. 만에 하나 실패한다면 죽어서도 조상들을 뵐 낯이 없다고 생각하니 정신이 번쩍 들었지. 그래서 공사 현장을 누비며 이렇게 외쳤다고 해.

"모두들 정신 바짝 차려라! 우리는 지금 조상의 혈세로 제철소를 건설하고 있다. 만에 하나 실패하는 날엔 모두 우향우해서 영일만 바다에 빠져 죽어야 한다."

이것이 바로 포항종합제철 건설 현장에서 나온 '우향우 정신'이야.

포항제철소를 예언한 조선인 이성지

포항제철소 주변을 흐르는 형산강의 하류를 중심으로 송도해수욕장까지의 해변을 예전에는 어룡사(魚龍沙)라 불렀다.

조선 숙종 시절, 풍수의 대가 이성지가 어룡사에 왔다는 소식을 듣고 포항의 선비들이 모여들었다. 그들은 한데 어울려 어룡사를 거닐었는데, 이성지가 이런 말을 했다고 전해진다.

"서편의 운제산이 십 리만 떨어졌어도 수십만 명의 사람이 살았겠구나. 비록 좀 늦어지기는 하겠지만 여기에 많은 사람이 모여 살게 될 것이다."

그 말에 포항의 선비들은 코웃음을 쳤다.

"황량한 백사장에 어찌 수십만 명의 사람이 살 수 있을까?"

그러자 이성지는 다음의 시를 읊었다고 한다.

竹生魚龍沙 죽생어룡사 어룡사에 대나무가 나면
可活萬人地 가활만인지 가히 수만 명이 살 곳이니라
西器東天來 서기동천래 서쪽의 문명이 동방에 들어오리니
回望無沙場 회망무사장 돌아보면 모래밭이 없어졌더라

이성지의 예언대로 하늘을 찌를 듯한 제철소 굴뚝이 대나무처럼 우뚝우뚝 서 있고, 포항은 53만여 명의 도시가 되었으니 수백 년 전 이성지의 예언이 입증되었다고 할 수 있지 않을까?

비록 좀 늦어지기는 하겠지만 여기에 많은 사람이 모여 살게 될 것이다.

이성지

04

철강왕의 비밀,
새는 바가지를
막아라!

대일청구권 자금으로 포항종합 제철소 건설이 본격 시작되었다. 흙강
아지처럼 공사 현장을 누비며 제철소를 짓는 사람들의 투지와 신념
에는 거칠 것이 없었다. '싸고 좋은 철을 만들어 국가에 보답한다!'는
제철 보국의 현장, 그 속에서 기꺼이 자신의 삶을 바친 사람들의 이
야기를 들어본다.

허허벌판 불모지에
제철소가 세워진 이유

공부와 경험,
둘 중에 어느 것이
더 중요할까요?

둘 다 중요하지.
포항제철소 건설을 이끌었던
리더, 박태준처럼!

"아빠, 리더가 되려면 어떤 걸 하는 게 더 좋을까요? 공부를 열심히 해서 지식을 갖추는 것과 세상 속으로 나아가 다양한 삶의 경험을 하는 것, 둘 중에 어느 게 더 나은지 골라 주세요."

아빠는 한참 동안 고개를 갸웃거리셨다.

"음⋯⋯, 어려운 질문인데? 둘 다 하면 안 될까?"

"에이, 현실적으로 둘 다 하기는 어렵잖아요. 공부를 하려면 경험할 시간을 포기해야 하고, 경험을 하려면 공부할 시간을 포기해야 하고."

그때 기척도 없이 옆을 지나던 엄마가 한마디를 던지셨다.

"복잡할 게 뭐 있어? 공부하다 지치면 경험하고, 경험하다 벅차면 다시 공부하면 되지. 그렇게 잡생각만 하니까 공부도 경험도 다 날아가는 거야."

"하여간, 엄마는! 무슨 말을 못한다니까."

재철이는 한숨을 내쉬었지만, 아빠는 오히려 표정이 밝아지셨다.

"엄마 말씀에도 일리가 있어. 경험이라는 게 반드시 몸으로 부딪쳐 체험해야 얻어지는 건 아니거든. 공부도 그렇지. 책상 앞에서 책만 들여다본다고 해서 공부가 되는 건 아니잖아. 공부를 경험해야 공부가 되는 거지."

공부를 경험하라니, 이건 또 무슨 뜻인가.

"어려운 문제를 붙잡고 끙끙대다가 결국 풀었을 때, 기분이 어때?"

"끝내주죠! 날아갈 것 같죠! 제가 기특해 죽겠죠!"

"그게 바로 공부의 경험이야. 그럼 경험의 공부를 볼까? 자전거 배울 때를 생각해 봐. 넘어지고 비틀거리다가 마침내 균형을 잡았어. 기분이 어때?"

"세상을 정복한 것 같죠! 드디어 해냈구나! 기특하죠, 제가!"

순간 재철이의 얼굴에 깨달음이 확 피어났다.

"아하, 이거구나! 자전거가 넘어지려는 방향으로 핸들을 돌려야 균형이 잡힌다! 아빠가 뒤에서 계속 외쳤지만, 제 몸은 그 말을 듣지 않았죠. 머릿속에서 '아는 것'과 '하는 것'의 전쟁이 난 것 같았어요. 알고는 있는데 하려면 안 되는 거예요. 그러다 어느 순간, 거짓말처럼 이게 딱 되는 거죠."

재철이의 얼굴에서 빛나는 깨달음의 환희를 목격한 아빠의 얼굴도 환한 웃음으로 가득 찼다.

"바로 그거란다. '아하!' 하는 몸과 마음의 동시 깨달음. 그게 바로 경험과 공부의 합체 지점인데, 그곳에 먼저 오른 사람이 진정한 리더라고 생각해."

아빠는 흐뭇한 표정으로 재철이를 바라보며 말씀하셨다.

"아빠는 가끔씩 우리나라에 박태준이라는 뛰어난 리더가 없었다면 과연 포항에 제철소가 건설될 수 있었을까 생각해. 그만큼 포항제철소 건설 과정에는 눈물 겨운 사연이 많았지. 그야말로 맨땅에 헤딩하듯 허허벌판 불모지에 거대한 종합 제철소를 처음으로 세우는 일이잖아. 매일매일 사건 사고가 끊이지 않았고, 위기가 아닌 날이 없을 정도로 혼란의 도가니였다고 해. 전쟁터 같은 공사 현장에서 뜨거운 의지와 냉철한 신념으로 열악한 현실을 극복해낸 박태준의 삶을 들여다보면 리더의 진정한 의미와 가치가 무엇인지 깨닫게 되지.

그럼 지금부터 파란만장한 포항제철소 건설 현장으로 들어가 볼까?"

이제 **포항종합 제철소 공사 현장**으로 들어가야죠? **공사를 시작하면서 가장 먼저 한 일**은 뭐였어요?

제철소 부지를 선정했다고 해서 무작정 그곳으로 쳐들어가 공사를 시작할 수 있는 건 아니야. 정해진 절차에 따라 원주민들에게 재산을 보상해 주고, 자진해서 이사 갈 수 있도록 설득해야 하지. 이런 일을 토지 수용이라고 해.

포항종합 제철소 건설은 어마어마한 규모의 산업 단지를 건설하는 일이었기 때문에 토지 수용 범위도 그만큼 넓었어. 대부분의 주민들은 토지 수용에 협조했지만, 이주에 반대하는 사람도 적지 않았지.

특히 그곳에는 고아와 노인들이 함께 생활하는 '예수성심시녀회 수녀원*'이라는 특수 시설이 있었는데, 이곳에서도 토지 수용을 받아들이지 않겠다며 이주를 거부하고 있었어. 보상 담당 직원들이 몇 번씩 찾아가서 사업의 중요성을 설명하고 협조를 요청했지만 아무런 소용이 없었지. 수녀원의 입장은 토지 수용을 반대하는 주민들에게도 큰 영향을 미쳤기 때문에 수녀원 이전 문제를 해결하지 못하면 공사 진행이 어려울 지경이었어.

수녀원 이전 작업이 해결될 기미가 보이지 않자, 박태준 사장은 직접 수녀원으로 찾아갔어. 현장에서 일하던 차림 그대로 찾아간 박 사장을 보고 수도원 관계자들은 깜짝 놀랐지. 완전 흙구덩이에서 뒹굴던 강아지 같은 모습으로 찾아온 사람이 제철소를 책임지는 사장님이라니 놀랄 수밖에.

> * **예수성심시녀회 수녀원** 선교사 루이 델랑드(한국명 남대영 1895~1972) 신부가 1935년에 창설한 수도회다.
> 남 신부는 용평성당 재직 시 예수성심시녀회 소속 수녀 6명과 함께 '삼덕당'이라는 공동체를 만들어 빈민 구제, 무료 진료, 나병 환자 구제 사업 등 다양한 사회 복지 활동을 전개했으며, 1949년 포항으로 터전을 옮겨 성모자애원을 설립하고 전쟁고아와 노인들을 살폈다. 이곳이 바로 현재 포항제철소 1고로 자리이다.

박태준 사장은 수녀원 성직자들이 모인 자리에서 진심을 다해 이렇게 말했어.

"우리나라가 지금의 절대 빈곤을 벗어나기 위해서는 반드시 제철소가 지어야 합니다. 이해하시고, 협조해 주십시오."

박태준 사장과의 면담 후 수녀원에서는 토지 보

상과 시설 이전에 동의했어. 수녀원이 이전에 동의했다는 소식이 퍼지자, 이주에 반대하던 사람들도 하나둘 마음을 바꿨지. 덕분에 제철소 부지 조성 공사를 본격적으로 시작할 수 있게 되었어.

토지 수용을 마무리했으니
건설공사를 시작하는 거죠?

맞아. 가장 먼저 부지 조성 공사를 시작했어. 원주민들이 살던 가옥과 각종 시설물을 철거해서 공장을 지을 수 있는 땅으로 만드는 거지.

그런데 박태준 사장은 부지 조성 공사와 함께 누구도 예상치 못했던 사업을 하나 더 추진했어. 바로 사원 주택을 짓는 거였지. 부지 조성 공사가 끝나면 많은 직원을 뽑아 본격적인 건설 공사에 들어가야 하는데, 고된 업무를 마친 직원들이 돌아가 쉴 집이 있어야 한다고 생각했던 거야. 회사가 직원을 보호해야 직원이 자기 능력을 최대한 발휘한다고 믿었으니까.

하지만 사원 주택을 지으려면 제철소 부지와는 별도로 사원 주택용 땅과 건설비를 마련해야 하는데, 당시는 KISA와 차관 협정이 진행 중인 때여서 제철소 건설 공사 자금조차 확정되지 않은 상황이었지.

박태준 사장은 시중 은행을 돌아다니며 사원 주택 지을 돈을 대출해 줄 수 있는지 알아봤어. 은행 두 곳에서 담보 없는 대출은 불가능하다며 퇴짜를 맞고, 세 번째로 찾아간 은행이 한일은행(지금의 우리은행)이었지.

하진수 한일은행장은 박태준 사장의 능력과 열의를 담보로 잡겠다며 20억 원이라는 거액을 대출해 주었어. 이때의 신의가 지금도 계속 이어져 현재 포스코의 주 거래 은행은 우리은행(옛 한일은행)이라고 해. 하진수 사장이 미래 가치를 알아보는 눈을 가진 덕에 우리은행은 포스코라는 큰 거래처를 확보하게 된 거지.

이 밖에도 박태준 사장은 직원의 주택과 자녀 교육 문제를 최우선 과제로 설정하고, 포항제철소 창립 초기부터 최고의 주택 단지와 학교를 건설했어. 직원들이 포항제철소를 평생직장으로 삼을 수 있는 기반을 마련한 거야.

뿐만 아니라 직원들의 기술 연수 프로그램도 적극 도입했어. 박태준 사장은 힘들여 지은 종합 제철소가 외국 자본의 기술 식민지로 전락하지 않으려면 하루라도 빨리 우리의 기술 인력을 키우는 수밖에 없다고 생각했거든.

1968년 11월, 9명의 직원이 일본 가와사키제철소로 기술 연수를 떠난 것을 시작으로, 포항제철소 1기 공사가 마무리된 1972년까지 약 600명의 기술 연수생이 호주와 서독 등지에서 기술 교육 프로그램을 이수하고 돌아왔어.

덕분에 포항제철소를 우리 기술자의 힘으로 가동할 수 있었지.

그런데 **사장이** 그렇게 **열정적이면** 직원들도 게으름을 피울 수 없었겠어요.

박태준 사장이 포항종합제철주식회사를 맡은 이후 평생 동안 입버릇처럼 했던 말이 '제철 보국(製鐵報國)'이야. '산업의 쌀인 철을 질 좋고 싸게, 충분히 생산해서 국가의 산업 발전에 이바지하겠다.'는 뜻이지.

포항제철소 부지 공사는 1968년 영일만 모래사장에서 시작했는데 항만, 준설, 성토, 정지의 네 가지 기초 공사를 여기저기서 한 번에 진행했어. 바다를 파내 굴입 항만을 만들고, 거기서 퍼낸 흙을 육지에 쏟아 고르고 다지는 일을 끊임없이 반복했지.

쉴 새 없이 휘몰아치는 모래바람과 뜨거운 태양, 그리고 지독한 포항 모기까지, 직원들을 괴롭히는 건 한두 가지가 아니었어. 사람들은 지쳐 갔고, 공사 속도는 점점 늦어졌지.

포항종합 제철소 공사 현장은 그야말로 전쟁터나 다름없었어. 직원들이 미리 해외 연수를 다녀오긴 했지만 짧은 기간 안에 모든 기술과 지식을 완벽하게 습득할 수는 없는 일이잖아? 줄줄이 이어지는 실수와 착오, 이를 바로잡는 데 걸리는 시간 때문에 공기는 점점 늦어져 준공식 날짜를 제대로 맞출 수 없는 지경에 이르게 되었어.

이때 박태준 사장이 전쟁터의 야전 사령관처럼 현장을 누비며 시간을 단축하는 마술을 부리기 시작했지. 졸고 있는 직원은 껌을 씹게 하고, 게으름을 피우거나 꼼수를 부리는 직원에게는 거침없이 발길질도 해 가면서 악착같이 공사를 진행했어. 피곤에 지친 레미콘 트럭 기사들을 위해 야간 근무 독려조를 편성해서 기사들의 잠을 깨우는 조수 임무를 맡길 정도였으니 얼마나 치열한 상황이었는지 알 만하지?

그렇게 지옥 같은 현장에서 사장부터 직원까지 모두 한 몸이 된 것처럼 작업을 진행한 결과, 마침내 공기 단축을 이뤄내고 무사히 준공식을 치를 수 있었던 거야.

공사를 하다 보면 부실시공이 있지 않나요?
완벽하게 관리한다고 해도 **실수가 일어나게 마련**이잖아요.

아주 날카로운 지적인데? 포항종합 제철소 공사 현장에서도 크고 작은 사건 사고가 많았어. 그중에는 불량 시공으로 인한 사건도 있었지. 포항제철소 3기 건설 때와 광양제철소 공사 현장에서 콘크리트 시공 불량이 있었고, 광양제철소를 지을 때는 바다를 막는 호안 공사에서 부실 시공이 적발되기도 했어.

박태준 사장은 현장을 살피는 눈이 무척 매서웠다고 해. 1977년 여름, 포항제철소 공사 현장을 둘러보던 도중 발전 송풍 설비의 콘크리트가 울퉁불퉁한 것을 보고 한눈에 부실 공사임을 알아차렸지. 콘크리트 위로 이미 굴뚝이 70m까지 올라갔고, 공사가 80%까지 진행된 상황인데도 박태준 사장은 당장 그 시설을 폭파하고 새로 작업하라고 지시했어.

제철소 설비는 굉장히 크고 무거운 것들이 대부분이야. 지반 공사와 공장 건물을 제대로 짓지 않으면 나중에 설비가 무너지거나 공장이 붕괴되는 큰 사고로 이어질 수밖에 없지. 박태준 사장은 다음 날 외국인 기술 감독과 모든 임직원을 불러 모아 놓고 폭파 기념식을 열었어. 부실 공사는 절대 허용하지 않겠다는 강력한 의지의 표현이었지.

광양제철소 공사 현장에서도 마찬가지야. 1986년 발전 설비를 건설하는 과정에서 콘크리트 불량 시공이 드러나자 어김없이 폭파 지시를 내렸어. 역시 공사에 관계된 모든 사람을 불러 모아 놓고 대대적으로 불량 시공 폭파 기념식을 열었지. 여기저기서 줄줄 새는 바가지를 막으려면 보란 듯이 쪽박을 깨고 새로 장만하는 것이 최선이라는 것을 보여 준 거야.

•광양제철소 발전 설비 불량 콘크리트 폭파식(1986.10.01)

포항제철소를 그렇게 힘들게 지었군요.
기계와 장비를 설치할 때는 좀 쉬웠나요?

설비 구매의 최종 목적은 '가장 최신 설비를, 적기에, 가장 싼값으로 구매하는 것'이야. 때문에 세계 여러 회사에서 생산하고 있는 제철 설비의 종류와 구매 조건을 세밀하게 비교·검토할 수 있는 전문 지식을 갖추고 있어야 하지.

하지만 우리나라에는 그 일을 담당할 수 있는 전문 인력이 없었어. 설비를 비교·검토하기는커녕, 설비를 구경해 본 사람조차 드물었으니까.

박태준 사장은 최정예 설비구매 팀을 꾸려 일본으로 보냈어. 직접 발로 뛰면서 필요한 지식과 정보를 얻으라는 거지. 설비구매 팀은 일본 기술용역 팀의 도움을 받아 설비 제작사와 릴레이 상담을 벌였어. 두 시간씩 시차를 두며 제작사들과 상담했는데, 이는 담합*할 위험을 피하기 위해서였지.

그렇게 현장에서는 신중하게 일을 진행하고 있는데, 엉뚱한 데서 문제가 터졌어. 일부 정치인과 정부 관계자가 설비 제작사로부터 중계료를 받으려고 박태준 사장에게 특정 회사의 특정 설비를 구매하라는 압력을 넣은 거야.

게다가 정부의 설비 구매 절차는 너무나도 복잡했지. 정부가 계약 당사자였기 때문에 모든 과정을 하나하나 정부의 승인을 받으며 진행해야 했던 거야.

박태준 사장은 박정희 대통령을 만난 자리에서 제철소 설비 구매 절차에 대한 개선안이 필요하다고 말했어. 그러자 박정희 대통령은 필요한 내용을 문서로 직접 쓰라고 지시하더니 서류의 왼쪽 윗부분에 자필 사인을 해 주었지.

이것은 문서의 내용에 관한 대통령의 권한을 모두 박태준 사장에게 위임한다는 뜻이야. 더 이상 어떤 로비에도, 어떤 압력에도 시달리지 않고 소신대로 일을 추진하라는 대통령의 보증이었던 거지. 사람들은 이 문서를 '종이마패*'라고 불렀어.

> * 담합(談合) 사업자들이 불법적으로 특정 업체의 경쟁을 제한하거나, 이를 통해서 부당한 이익을 챙기는 행위.
>
> * 종이마패 박태준 사장이 박정희 대통령에게 건의한 주요 내용은 다음과 같다.
> (1) 포항종합제철은 적합하다고 여겨지는 설비 공급 업체를 정부 간섭 없이 자유롭게 선정한다.
> (2) 설비 구매와 대금 지불 및 구매 예약 절차를 간소화한다.
> (3) 정치 헌금과 정부 개입을 배제한다.

종이마패라니. 멋진데요?
이제 제철소를 가동하는 건가요?

아직 하나가 더 남았어. 원료 구매처를 확정해야 해. 고로를 가동하려면 원료가 있어야 하잖아. 고로의 수명은 보통 15년~20년 정도인데 일단 한번 불을 붙이면 수명을 다할 때까지 계속 가동해야 해. 그래서 안정적인 원료 공급처를 확보하는 것이 아주 중요하지.

제철소에서 철을 만들어내는 데 필요한 원료는 3가지야. 철광석, 코크스용 유연탄, 그리고 석회석. 석회석은 우리나라에서 충분히 조달할 수 있었지만, 철광석과 유연탄은 해외 광산 업체에서 수입해야만 했지. 연산 100만 톤 규모의 제철소가 1년 동안 쉬지 않고 가동하려면 철광석 150만 톤, 유연탄 80만 톤이 필요하다는 계산이 나왔어. 결국 철광석 120만 톤, 유연탄 80만 톤을 수입하는 작전이 벌어진 거야.

우리나라 입장에서는 '질 좋은 원료를 싼 가격에 안정적으로 공급받는 것'이 목표지만, 원료를 파는 입장에서는 '원료를 비싸게 팔고, 돈을 제때 받고, 꾸준히 팔 수 있는 곳'이 최고지. 그러니 그들 입장에서 우리나라를 좋은 거래처로 받아들일 리가 없잖아?

그래서 처음에는 위탁 구매 방식으로 원료를 구하려고 했어. 신용이 좋은 외국 회사에 원료 구매를 대행하는 방식이지.

포항제철은 일본의 미쓰비시상사에 위탁 구매 가능성을 타진했는데, 미쓰비시상사는 아주 높은 수수료를 요구했어. 그리고 일본 상사들 간에 경쟁이 벌어진 거야. 포항제철소의 원료를 구매 대행해 주면 높은 수수료 이익을 챙길 수 있다는 정보가 퍼졌기 때문에 자기들끼리의 이권 싸움이 벌어진 거지.

그들의 이전투구를 뒤로하고, 포항종합제철 담당자들은 신일본제철을 찾아가 급한 상황을 설명하면서 신일본제철이 가지고 있는 원료 중에서 1년 동안 쓸 원료만 되팔아 달라고 부탁했지만 거절당했어. 신일본제철에서는 세계 철강시장의 라이벌이 될 포항종합제철에 도움을 줄 수 없었던 거야.

도와줄 마음은 없고, 가난한 친구를 이용해서
모두들 돈을 벌려 하는군요. 우린 이제 어떻게 해야 하나요?

우리가 직접 구매팀을 꾸려 발로 뛰어야 할 때가 온 거지. 포항종합제철에서는 원료 구매 대표단을 호주와 인도의 철강석 회사와 유연탄 회사로 파견했어. 하지만 원료를 팔겠다는 회사는 단 한 곳도 없었어. 결국 박태준 사장이 직접 나서야 했지.

박태준 사장은 외교 경로를 통해 주한 호주 대사와 접촉하고, 호주 정부의 초청으로 원료 공급 업체와 만나는 자리를 마련한 후 그들의 마음을 어떻게 움직일 것인가 연구하기 시작했어. 아직 기초 공사 중인 황량한 부지에 들어설 공장의 이름을 쓴 커다란 푯말을 세우고 사진을 찍었지. 그들에게 보여 줄 공장을 아직 짓지 않았으니 간판으로나마 대신했던 거야.

회의 장소에는 호주의 광산 소유주들이 모두 모여 있었어. 박태준 사장은 준비해 간 사진과 종합설계도를 보이며 포항제철소가 반드시 성공할 것이라고 역

설했지. 포항제철소는 정부가 보증하는 국
영 기업이라는 점도 강조했어.

하지만 광산 업자들은 어이없어 하거나,
화를 내거나, 웃음을 터뜨렸어. 그리고 아무
도 포항제철소에 원료를 팔겠다고 나서지
않았지.

• 원료구매 협상을 위해 준비한 퍗말 사진

그들은 개발도상국을 믿지 않았어. 우리보다 먼저 필리핀과 인도네시아가 종
합 제철소 건설을 추진했지만 대부분 실패했거든. 그들은 포항제철소도 필리핀
이나 인도네시아처럼 될 거라고 생각했어.

현지 분위기를 파악한 박태준 사장은 후원자가 필요하다는 판단을 내리고, 주
한 호주대사관에 협조를 요청했어. 박태준 사장과 절친한 사이였던 호주대사관
의 케리 상무관이 시드니로 급히 날아와 호주의 탄광 업체를 찾아다니며 포항제
철소에 원료를 팔라고 설득하기 시작했지. 덕분에 탄광 업자들 사이의 분위기가
조금 부드러워지는 것 같았어. 그때를 노려 박태준 사장은 최후의 카드를 꺼냈
지. 광산 업자들을 초청해서 파티를 연 거야.

박태준 사장은 한국에서 가지고 온 장군 정복을 반듯하게 차려입고 파티장에 나타났어. 그는 원래 군인이었지. 어깨에는 별 네 개가 빛을 발하고, 가슴에는 수십 개의 약장이 형형색색으로 수놓아졌어.

6·25전쟁 때 우리나라에 군대를 파병하기도 했던 호주는 유달리 장군에 대한 존경심이 강한 나라야. 호주의 문화를 공부하면서 이 사실을 알게 된 박태준 사장은 떠나기 전에 미리 최후의 작전을 짜고 만반의 준비를 갖추었던 거지.

포항제철주식회사의 사장이 전직 장군임을 깨닫는 순간, 호주인들의 자세는 현저하게 달라졌어. 그리고 마침내 일본과 똑같은 조건으로 원료 공급 계약이 이루어지게 되었지.

종합 제철소 짓기가 이렇게 힘든 것인 줄 예전엔 미처 몰랐어요. 이제 드디어 쇳물이 나오나요?

영일만으로 철광석을 가득 실은 호주 선박이 들어오면서 포항제철소에 긴장감이 감돌았지. 1고로에 불을 붙이는 날이 다가온 거야.

고로에 불을 붙이는 것을 '화입'이라고 하는데, 1973년 6월 8일이 화입일로 정해졌어. 포항제철소 본관 앞에 설치한 원화로에서 불씨를 채취해서 고로 공장까지 운반하는 봉송 행렬이 이어지고, 오전 10시 30분에 고로 화입이 이루어졌지. 21시간 동안 고로를 가동하고 나면 다음 날인 6월 9일 오전 7시 30분에 첫 쇳물이 터져 나오는 감격적인 순간이 예정되어 있었어.

출선 담당 기술자들은 6월 9일 새벽 5시에 시험 출선을 해 본 뒤, 일단 쇳물의 상태를 확인하고 다시 막아 두었다가 오전 7시 30분에 정식 출선을 하려고 생각했어. 그래서 새벽 5시부터 출선구를 뚫기 시작했는데, 그만 작은 사고가 발생하고 말았지. 출선구를 만들 때 묻어 놓았던 파이프 하나가 구부러져서 구멍 뚫는 작업에 실패하고 만 거야. 다급해진 기술자들은 기계가 아닌 산소를 사용해서

2m나 되는 출선구의 벽을 녹여야 했어.

1시간이 지나도 쇳물은 나올 기미가 보이지 않고, 출선 예정 시간은 자꾸만 다가오고 모두들 초조해 미칠 지경이었지. 오전 7시, 박태준 사장이 나타나자 기술자들은 점점 더 초

• 포항 1고로 첫 출선 순간의 만세(1973.06.08)

조해졌어. 그렇게 두 시간의 사투를 벌인 끝에 마침내 "펑!"소리와 함께 출선구가 뚫리며 오렌지 빛 쇳물이 콸콸 쏟아져 나왔지.

"만세! 만세!"

"나왔다! 만세!"

모두가 그 말밖에는 할 수 없었어. 모든 임직원이 눈물을 흘리며 기쁨에 싸여 있는데, 박태준 사장만은 비장한 표정이었어. 이것이 끝이 아니라 새로운 시작임을 그는 알고 있었던 거지.

 IBRD의 예상을 뛰어넘은 박태준의 뚝심 ▼

"나는 지금도 KISA(대한국제제철차관단)에 제출했던 나의 보고서가 옳다고 믿는다. 다만 박태준 회장이 상식을 초월하는 일을 하여 나의 보고서를 틀리게 만든 것이다. 나는 포스코의 성공이 지도자의 끈질긴 노력을 바탕으로 설비 구매의 효율성, 낮은 생산 원가, 인력 개발, 건설 기간 단축을 실현한 결과라고 생각한다."

IISI 런던총회에서 전 IBRD 한국담당관 자페

일관 제철소 철강 생산 공정

1 제선 공정(製銑工程) : 원료를 고로에 투입해서 쇳물을 생산하는 공정

원료를 가공해서 고로에 넣고 뜨거운 바람으로 녹여 쇳물을 만들어내는 공정이다. 가루 상태의 원료는 고로 안에서 잘 탈 수 있도록 가공 과정을 거쳐야 하는데, 철광석 가루는 아기주먹만 한 크기의 소결광으로 만들고 유연탄 가루는 탄소 덩어리인 코크스로 만든다.

이렇게 가공한 원료를 고로 안에 코크스-소결광-코크스-소결광 순서로 쌓고 1,000℃ 이상의 뜨거운 바람을 불어넣으면 코크스가 타면서 소결광을 녹여 쇳물을 생산하게 된다. 고로에서 나온 쇳물은 '용선(溶銑: 선철이 녹은 쇳물)'이라 한다.

고로에서 생산되는 쇳물은 탄소함유량이 지나치게 높고 인이나 황 같은 불순물이 많이 섞여 있는 상태이기 때문에 불순물을 제거하는 제강 과정을 거쳐야 한다.

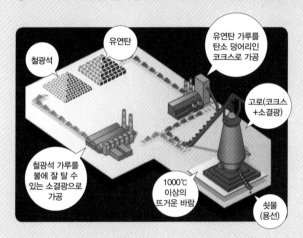

2 제강 공정(製鋼工程) : 용선의 불순물을 제거해서 강철로 만드는 공정

고로에서 나온 불순물 섞인 쇳물(용선)과 구분하기 위해서 제강 공정에서 나온 깨끗한 쇳물은 '용강(溶鋼: 강철이 녹은 쇳물)'이라 한다.

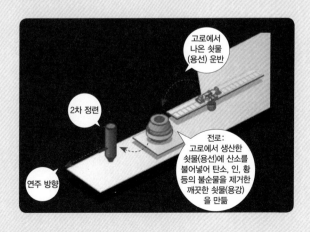

3 연속 주조 공정(連續鑄造工程): 쇳물을 일정한 모양으로 굳혀 고체로 만드는 공정

제강 공정에서 넘어온 용강을 주형에 부어 연속 주조기로 흘려보내 일정한 모양으로 굳히는 공정이다. 모양에 따라 철판 모양의 슬래브, 굵은 막대 모양의 블룸, 빌릿으로 만들어진다.

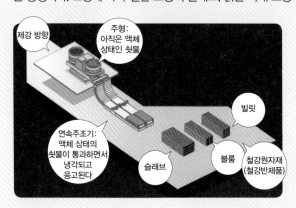

제선에서부터 연속 주조까지의 공정은 뜨거운 쇳물이 연속적으로 흐르면서 이어지는 공정이기 때문에 제철소를 건설할 때 한 단위로 묶어야 하며, 철강 제품의 기초 소재를 생산하는 공정이기 때문에 철강의 상(上)공정이라 한다.

4 압연 공정(壓延工程): 철강소재를 가공하여 중간 반제품으로 만드는 공정

압연 설비의 핵심은 회전하는 여러 개의 롤이다. 제선–제강–연주의 상(上)공정에서 생산한 철강 소재인 슬래브나 블룸, 빌릿 등을 연속적인 힘을 가하는 압연기의 회전 롤에 통과시켜 얇고 긴 철판이나 선재 등으로 가공한다.

압연 공정은 크게 열간압연과 냉간압연으로 나뉘는데, 열간압연을 통해 생산한 철판을 열연코일, 냉간압연을 통해 생산한 철판을 냉연코일이라고 한다.

압연 공정은 철강 산업의 하(下)공정으로서 슬래브나 블룸, 빌릿 같은 철강 반제품을 재료로 하기 때문에 상(上)공정 없이도 가동이 가능하다.

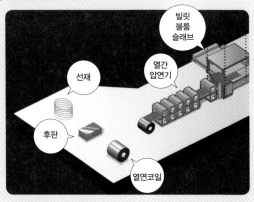

05

도약의 발판,
쌍두마차의 출현과
원원 시스템

국가 주도의 포항종합 제철소 1기를 성공적으로 가동하기 시작하자,
여기저기서 종합 제철소를 향한 관심이 쏟아졌다. 민간 기업에서도
종합 제철소 건설 의지를 표명했다. 하지만 종합 제철소는 국가 산업
의 핵심이므로 섣부른 민자 건설을 허락하지 않는다. 그럼에도 불구
하고, 지치지 않는 도전으로 꿈을 이룬 현대그룹의 종합 제철소 도전
기를 살펴본다.

철강 산업을 도약시킨
종합 제철소 경쟁

"내일 인철이네가 온다네요."

"어, 그래? 오랜만이네."

방에 있던 재철이는 괜히 기분이 심란해져서 거실로 나갔다.

"인철이네 와요?"

"표정이 왜 그래? 오랜만에 사촌동생이 온다는데, 반갑지 않은 거야?"

재철이는 짜증스럽게 자리에 앉으며 불편한 마음을 표현했다.

"뻔하잖아요. 작은엄마의 비교·분석이 난무할 텐데. 재철아, 넌 성적 좀 올랐니? 키는 좀 컸나?
우리 인철이는 이번에……."

재철이의 말에, 아빠는 너털웃음을 쏟아내셨다.

"작은엄마가 인철이를 자랑스럽게 생각하는 것 못지않게 아빠, 엄마도 널 자랑스럽게 생각하니까 너무 기분 나쁘게 생각하지 마. 다만 우리는 겉으로 드러나지 않을 뿐이야. 아빠도 형, 너도 형이니까 우린 그냥 형답게 구는 거지."

"학교 성적이 인생 성적도 아니고, 지금 키 작다고 영원히 그대로 있을 것도 아니잖아. 그런데 뭐가 문제야? 짜증 내지 말고 뭐가 됐든 너의 잠재력을 밖으로 꺼내서 확실하게 보여 줘. 자극을 받으면서도 변할 생각 없이 불평불만만 하는 건 살아 있는 자의 도리가 아니지. 적당한 라이벌은 필요해. 경쟁은 발전의 원동력이니까."

아빠, 엄마의 릴레이 말씀에 재철이는 한껏 심각해졌다.

"정말 그래요? 살아가는 데 경쟁은 필수인가요?"

재철이의 물음에 아빠는 진지하게 말씀을 시작하셨다.

"그 물음에 대해선 사람마다 답이 다 다를 거야. 그러니까 아빠의 이야기를 들으며 네가 스스로 답을 찾는 게 좋겠구나. 지금까지 우리가 나눠 온 철강 산업의 이야기를 계속해 볼게. 힘들고 어려운 과정을 거쳐서 드디어 포항종합제철의 1고로가 쇳물을 생산해 내기 시작했어. 모두가 불안하게 지켜보던 포항제철소가 일단 성공했다는 평가가 내려지자 이번에는 많은 사람이 종합 제철소에 관심을 갖기 시작해. 지금까지는 국가가 주도하여 종합 제철소를 건설했지만, 이제 민간 기업체에서도 종합 제철소를 지을 수 있다는 생각을 하기 시작한 거지. 포항종합제철과 민간 업체의 본격적인 종합 제철소 경쟁 국면이 시작된 거야."

오호라, 여기서도 경쟁이 시작이구나. 재철이는 괜한 긴장감에 사로잡혔다.

"종합 제철소를 지으려 했던 민간 업체가 많았어요?"

"철강인이라면 누구나 종합 제철소의 꿈을 한 번쯤 꾸게 되지. 그중에서도 특히 우리가 주목해야 할 업체가 있어. 아주 오래전부터 종합 제철소 건설을 꿈꾸었던 현대그룹 이야기야. 현대그룹은 자동차, 건설, 중공업 등 철강을 필수 소재로 하는 회사들을 일궈 왔어. 현대그룹을 세운 정주영 회장은 여러 번 종합 제철소를 세우기 위해 노력했지만 철강은 모든 국가 산업의 기반이기 때문에 정부는 섣불리 민간 업체에게 제철소 설립을 허락해 줄 수 없었어. 현대그룹과 정부의 기나긴 줄다리기의 시작이지.

정주영 회장은 "종합 제철소 건설이야말로 현대그룹의 완성이다."는 말을 입버릇처럼 했다고 전해지고 있어. 종합 제철소를 세우려던 정주영 회장의 꿈은 후대에 와서 드디어 이루어졌지.

그럼 지금부터 포항제철소 2기 건설부터 현대제철소 건설에 이르기까지 그 파란만장한 철강 산업의 역사로 들어가 볼까?"

포항제철소를 다 지은 게 아니었나요?
2기 건설은 뭘 말하는 거죠?

포항제철소 1기 설비를 건설하고 있을 때 우리나라의 철강 수요가 급격하게 늘어나 하루 빨리 제2의 종합 제철소를 지어야 한다는 이야기가 나오기 시작했어. 일관성 유지를 위해 2기 설비와 건설 자금 역시 일본에서 차관을 도입하기로 했고, 일본에서도 긍정적인 반응을 보이는 등 모든 계획이 술술 잘 풀려 나가고 있었는데 뜻밖의 사건이 발생했지.

포항종합제철이 일본의 설비 공급 업체들과 한창 협상을 진행하고 있던 1973년 8월 8일, 일본에서 김대중 납치사건*이 일어난 거야. 이 일로 한·일 간의 국교 단절이 논의될 정도로 관계가 악화되면서 그동안 추진하던 여러 경제협력이 전면 중단되었지. 포항종합제철과 일본의 설비 공급 업체 간의 협상도 중단되고, 12월에는 일본 정부가 빌려 주기로 했던 차관에 대해서도 거절 통보가 전해졌어.

그래서 박태준 사장은 새로운 외자 도입 방안을 탐색했어. 1기 건설이 성공했으니 그동안 우리를 얕잡아 보던 서구의 철강 대국에서도 보는 눈이 달라졌을 것이고, 차라리 이번 기회를 잘 이용하면 오히려 일본 의존도에서 벗어날 수 있다고 생각한 거야.

1973년 12월 17일, 박태준 사장은 노중렬 외자계약 관리부장과 함께 독일의 함부르크로 가서 고급 호텔의 프레지던트 스위트룸을 계약하고 유럽의 유명 제철 설비 회사 중역들에게 전화를 걸기 시작했어. 포항제철소 2기 설비 계획에 대한 입찰 설명회를 열겠다는 사실을 알린 거지.

다음 날 아침, 프레지던트 스위트룸에서 포항제철소 2기 설비 계획에 대한 입찰 설명회가 열렸어. 대

* **김대중 납치사건** 1973년 8월 8일, 일본 도쿄에서 한국의 야당 지도자 김대중 씨가 한국의 정보 기관 요원 5명에게 납치되어 수장 직전까지 갔다가, 미국의 개입으로 극적으로 구출되어 사건 발생 129시간 만인 8월 13일 밤 10시 집으로 돌아오게 된 사건. 한국 정부가 공권력 개입을 완강히 부인하면서 일본 경시청의 수사 협조 요청을 거부하자, 일본에서는 국권 침해 여론이 일면서 한·일 외교 관계가 심각해지는 상황에 이르렀다. 그에 따라 그동안 우호적으로 진행하던 여러 가지 경제 협력도 중단되었다.

통령 같은 귀빈들이 주로 머무는 웅장한 실내 분위기에 압도된 참가자들은 박태준 사장에게 호기심을 갖게 되었지. 박 사장은 그들에게 사업 내용을 설명하면서 구체적인 교섭은 포항에서 하자고 요구했어.

1974년 1월 유럽의 설비 업체 직원들이 포항으로 와서 협상이 진행되었고, 그 무렵 포항제철소 현장에서 1기 설비 마무리를 위해 남아 있던 일본인 기술자들은 심상치 않은 분위기를 눈치 챘지. 그들이 이 상황을 본사에 보고하자, 애가 닳은 일본 업체들은 자국 정부에게 교역 금지 조치를 풀어 달라고 요구했어. 제철소 설비 입찰은 흔한 기회가 아니거든.

결국 일본 정부는 규제를 풀 수밖에 없었고, 일본 업체들은 포항종합제철 2기 수주 경쟁에 뛰어들었지. 그 결과 일본과 유럽 업체들 간의 경쟁으로 포항종합제철은 5,000만 달러나 싼 가격에 좋은 설비를 구매할 수 있었다고 해.

위기를 기회로 바꾸다니, 정말 대단해요.
그런데 우리나라 자체 기술로는 제철소 설비를 못 만드나요?

제철 설비는 뜨거운 쇳물과 무거운 철강을 다루는 것이기 때문에 고도로 발달한 기술력을 갖춰야 만들 수 있어. 설비 국산화가 최종 목표이기는 하지만, 그렇다고 섣불리 추진해서도 안 되는 거지.

포항종합 제철소는 1기 건설 때부터 설비 국산화 노력에 심혈을 기울였어. 건물을 짓는 데 들어가는 철골 구조물과 일반 강재, 소형 기중기 등을 국산 제품으로 쓰는 것에서부터 시작했지.

그런데 4기 건설 계획이 진행될 즈음, 난데없는 설비 국산화 논쟁이 벌어졌어. 여기에는 1976년 정부가 발표한 국영 기업 국산 기계 상용화 정책이 도화선이 되었지.

1977년 현대양행이 포항종합제철 4기의 설비를 일괄 수주하겠다고 정부에 제안했어. 현대양행은 정주영 회장의 동생인 정인영 씨가 설립한 회사로, 처음에는 양식기를 만들다가 1969년 이후 자동차 부품 생산 업체로 발전했어.

그런데 제철소 설비를 한 번도 만들어 본 적이 없는 이 회사가 4기 설비를 통째로 맡아 국산화하겠다고 나서자 포항종합제철로서는 매우 당황스러웠지. 제철 설비는 규모가 매우 방대하고 복잡하기 때문에 세계의 선진 업체에서도 고로, 제강, 압연 등의 핵심 설비를 각각 나누어서 전문적으로 제작하고 있거든. 그래서 설비를 구매할 때도 공정별로 세계적인 전문 업체의 제품을 하나하나 꼼꼼하게 따져 결정하게 되는 거야. 그러니 설비를 도맡아 생산하겠다는 발상은 제철 설비에 대한 기본적인 이해가 부족하다는 뜻이기도 했어.

그때부터 포항종합제철과 국내 관련 업체 사이의 치열한 공방전이 벌어졌지. 언론도 가세했고, 정부와 재계의 관심도 이들에게 쏠렸어. 한동안 나라를 시끌벅적하게 만들었던 제철 설비 국산화 논쟁은 결국 단계별로 천천히 추진한다는 쪽으로 결말이 나면서 정리가 되었지.

포항제철소는 제철 공정에 크게 영향을 미치지 않는 원료 처리 설비를 국산화율 60%로 의무화하고, 수배전 설비와 급배수 설비, 철도 설비, 증기 설비, 항만 하역 설비 같은 공장 시설도 국내 업체에서 제작, 설치하도록 의무화했어.

3년 이내, 70% 이상의 기계를 국산화하자! ▼

1976년 5월 28일 상공부가 국산 기계 상용화 촉진 정책을 발표했다.
정부는 한전 등 10개 국영 기업체와 국내 기계 제작 업체를 연결하여 국산 기계의 계획 생산 체제를 갖추도록 지원할 방침을 세우고, 이를 '기계 국산화 3개년 계획'으로 발표해 추진하도록 했다.
이 계획에 따르면 정부 투자 기업의 공장을 건설할 때 국내 용역 회사의 참여를 의무화하고, 각종 기자재는 3년 이내에 평균 70% 이상 국산화하는 것을 목표로 한다. 대상 기업은 국영 기업체인 한국전력과 석탄공사, 광업진흥공사, 종합화학, 포항제철, 주택공사, 산업기지공사, 방송공사, 도로공사, 농업개발공사 등 10개 사였다.

그러자 이번에는 외국 돈을 빌려 설비를 사면서 국산 제품을 의무적으로 끼워 넣는 것은 상식에 어긋난다며 외국 설비 공급업자들이 반발하는 거야.

포항종합제철은 직접 국내 중공업 회사의 홍보 자료와 제품 목록을 제작해 외국 업체들을 설득했어. 그리고 설비 계약서에 일부러 '케이스Ⅱ'라는 조항을 만들어 착수금 범위 안에서 특정한 비율만큼 국산 설비를 포함해야만 계약이 성립되도록 조건을 만들었지. 결국 대부분의 업체들이 포항종합제철의 계약서를 수용함으로써 예정했던 국산화 비율을 달성할 수 있었어.

이제, **포항제철소는 4기**까지 건설한 거죠?
포철 건설이 끝나고 **광양제철소를 지은 건가요?**

광양제철소 1기 설비는 1985년에 착공했지만, 광양제철소 이야기를 하려면 1972년부터 시작해야 해. 이때 처음 제2종합 제철소라는 말이 생겼거든.

1972년 3월에 민간 기업인 호남정유의 서정귀 사장이 '연산 500만 톤 규모의 제2 종합 제철소를 짓겠다'는 폭탄 선언을 해버린 거야. 포항제철소가 이제 막 1기 건설을 마무리하려는 상황인데, 정말 뜬금없이 민간 업체가 종합 제철소를 짓겠다고 나선 거지.

당시에는 민간 기업이 종합 제철소를 지으려면 정부의 허가와 도움이 반드시 필요했는데, 정부는 호남정유의 제2 종합 제철소 건설 계획에 불가 방침을 천명하면서도 제2 종합 제철소에 대한 필요성은 인정했어. 1973년 7월 3일, 박정희 대통령은 포항제철소 1기 준공식에서 제2 종합 제철소 건설 계획을 발표했는데, 포항종합 제철소 확장 공사와 병행해서 연산 1,000만 톤 규모의 제2 종합 제철소 건설을 추진하겠다는 거였지.

그해 11월 9일 정부 투자금 4억 원을 자본금으로 주식회사 제2 종합 제철이 출범했지만 여러 가지 상황 때문에 실현되지 못하고 보류되었어. 한·미 합작 회사를 만들어 제철소를 지을 계획이었지만, 양국 간의 입장 차이로 난항을 거듭했거든. 1974년에는 한국종합제철로 이름을 바꾸며 심기일전했지만 역시 여의치 않았지.

결국 정부는 제2 종합 제철소 건설 계획을 전면 백지화하기로 결정하고, 대신 연산 300만 톤 규모의 포항종합제철 4기 건설 공사를 승인했어. 포항종합 제철소 4기를 완성하면 조강 능력이 850만 톤으로 늘어나 당장 필요한 철강 수요는 충족할 수 있다는 계산이 나왔던 거야. 제2 종합 제철소는 1978년쯤 다시 검토하기로 마무리가 되었지.

정부는 극심한 경영난에 시달리던 한국종합제철을 해체하고 정부 투자금 4억 원을 회수하기로 결정했는데, 그러기 위해서는 회사를 어디엔가 팔아야 했어. 그래서 정부는 포항종합제철에게 한국종합제철을 사면 훗날 제2 종합 제철소를 짓게 될 때 권리를 주겠다고 제안했지. 포항종합제철 입장에서는 자본금이 바닥난 깡통 회사를 4억 원이나 주고 사는 것이지만, 미래를 위한 투자라고 생각하고 정부의 제안을 받아들였어.

포항종합제철이 제2 종합 제철에 대한 권리를 산 거나 마찬가지네요. 그렇게 해서 **광양제철소를 건설**하게 된 건가요?

제2 종합 제철소 건설 계획이 백지화되고 나서 세계 경제는 <u>제1차 석유파동</u>* 이라는 험난한 파도를 만나게 돼. 그 영향으로 세계 경제는 오랫동안 침체되어 있다가 1977년부터 조금씩 회복되기 시작했지.

하지만 우리나라는 중공업 육성 정책을 기본으로 하는 경제개발5개년계획을 적극적으로 추진하고 있었기 때문에 경제 성장 속도가 아주 빨랐어. 특히 철강의 소비량은 가파르게 증가해서 1974년에는 무려 200만 톤의 철강을 수입해야 할 정도였지.

그런데 석유파동 때문에 세계의 철강 생산량은 오히려 10% 정도 줄어든 거야. 미국과 유럽의 제철소에서는 모든 설비 투자를 중단한 채 국제 경기가 회복될 날만 목 빠지게 기다리고 있었거든.

철강 공급은 줄어드는데 수요가 늘어나면 어떻게 되지? 당연히 철강 원자재의 가격이 올라가고, 이를 수입해서 만드는 우리나라의 완제품 가격도 올라가게 되지.

이렇게 해서는 국제 경쟁력을 갖출 수 없어. 무역에서는 좋은 품질의 제품을 낮은 가격으로 공급해야 유리하거든. 이를 위해서는 하루라도 빨리 철강의 자급자족 능력을 길러서 생산 원가를 낮춰야 했지.

1977년 10월 31일, 정부는 제2 종합 제철소 건설 계획을 발표했어. 제2 종합 제철소 건설 예정부지로는 충남 아산만과 가로림만, 경북 영덕군 영해면 해안 지대 등이 유력하게 떠올랐지.

> *제1차 석유파동 1973년 10월 6일 아랍과 이스라엘 간에 중동전쟁이 시작되자 아랍을 지지하는 페르시아 만 6개 석유 수출국들이 OPEC(석유수출국기구) 회의에서 이스라엘이 아랍 점령 지역에서 철수하고 팔레스타인의 권리가 회복될 때까지 원유 가격을 올리고, 생산도 축소하겠다는 결의를 발표했다. 이로 인해 선진국들은 에너지 위기를 맞이했고, 세계 경제는 심각한 불황과 치명적인 인플레이션에 직면하게 되었다.
> 결국 선진국들이 친 중동 정책으로 돌아서면서 석유파동의 위기는 넘겼지만, OPEC이 원유 가격의 결정권을 장악하게 되었고, 자원 민족주의가 강화되는 결과를 낳았다.

이젠 저도 **종합 제철소 건설 과정**을 알 것 같아요. '**부지 선정→지반 공사→공장 건물 공사→설비 공사→고로 화입→가동**', 이렇게 되는 거죠?

사업에는 항상 변수가 존재하지. 포항종합 제철소 건설 때 차관 도입이 가장 큰 애로 사항이었다면, 제2 종합 제철소 건설 과정에서는 국내 업체끼리의 자중지란이 문제였어.

정부가 제2 종합 제철소 건설 계획을 발표하자 재계는 들썩이기 시작했지. 짧은 기간에 엄청난 재력을 쌓은 많은 기업이 새로운 투자처를 찾고 있었거든.

제2 종합 제철소 건설 전쟁에 가장 먼저 뛰어든 기업은 현대그룹이야. 현대그룹은 건설, 자동차, 중공업, 조선 등 대부분 철강이 필요한 회사들로 이루어져 있었기 때문에 종합 제철소 하나만 있으면 사업을 더욱 탄탄하게 발전시킬 수 있다고 생각하고 있었어.

현대그룹을 창설한 정주영 회장은 입버릇처럼 '종합 제철소야말로 현대그룹의 완성'이라고 말했다고 해. 그리고 기회만 있으면 종합 제철소 건설을 위해 불도저처럼 뛰어들었지.

철강 사업에 대한 현대그룹의 야망은 포항제철소 4기 건설을 확정할 즈음에 이미 드러났었지. 정주영 회장의 동생인 정인영 회장의 현대양행이 포항제철소 4기 설비를 일괄 수주하겠다고 해서 문제가 되었던 사건, 기억나지? 포항종합제철의 강력한 반대에 의해 무산되었지만 말이야.

현대그룹과 포항종합제철의 대립은 현대그룹이 1978년 인천제철을 흡수 합병하면서부터 다시 불붙기 시작했어. 현대그룹은 제2 종합 제철소는 민간 업체가 건설해야 한다고 주장하면서 본격적인 도전에 나섰지.

현대그룹은 인천제철을 인수하면서 우리나라 철강 산업의 역사도 함께 인수한 셈이네요.

인천제철을 인수한 현대그룹은 제2 종합 제철소 건설 사업에 큰 기대를 걸었어. 미국의 유에스스틸과 기술 협력을 추진하면서 울산에 300만 톤 규모의 종합 제철소를 짓고 추후 1,000만 톤까지 생산량을 확장하겠다는 제안서를 정부에 제출했지. 그리고 공격적인 홍보전을 시작했어.

포항종합제철은 이런 상황을 당혹스럽게 바라보고 있었지. 그럴 수밖에 없는

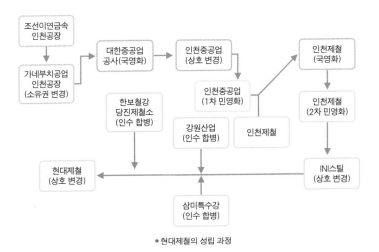

• 현대제철의 성립 과정

게 포항종합제철은 1975년 무용지물이 된 한국종합제철을 인수받으면서 제2 종합 제철소의 실수요자로 권리를 획득한 상태였잖아? 그러니 현대그룹의 저돌적인 도전이 내심 불편할 수밖에 없었던 거야. 제2 종합 제철소를 둘러싼 포항종합제철과 현대그룹의 대결을 두고, 사람들은 '10년에 한 번 있을까 말까한 쇠붙이 전쟁'이라고 불렀어.

포항종합제철과 현대그룹 간의 대결은 곧 정부 주도냐 민간 주도냐의 문제였지. 현대그룹은 포항종합 제철소는 정부 주도로 건설했으니 제2 종합 제철소는 민간 주도로 지어야 한다는 논리를 대대적으로 홍보했어. 반면 포항종합제철은 철강은 공공재의 성격이 강하기 때문에 종합 제철소 국영화는 세계적 추세라는 점을 강조했지. 그리고 포항제철소를 지으면서 익힌 기술과 경험의 강점을 적극적으로 내세웠어.

포항종합제철과 현대그룹의 쇠붙이 전쟁은 결국 1978년 10월 30일 정부가 포항종합제철을 제2 종합 제철의 실수요자로 선정한다는 사실을 공표하면서 마무리되었지.

그리고 마침내, 제2 종합 제철소인 광양제철소 건설이 시작되는 거야.

제2 종합 제철소 입지 후보는 충남 아산만과 가로림만, 경상북도 영해면이라고 하지 않았어요? 그런데 왜 광양에 종합 제철소를 건설한 거예요?

1978년 최종 연산 1,200만 톤 규모의 제2 종합 제철소 건설 계획을 발표한 박정희 대통령은 박태준 사장과 함께 충남 서산군 가로림만으로 가서는 흡족한 표정으로 제2 종합 제철소를 짓는 게 어떻겠냐고 물었어. 박태준 사장은 난감했지. 가로림만은 종합 제철소가 들어서기에 적합한 부지가 아니었거든. 박 사장이 대통령에게 판단 유보 의사를 밝히자, 제2 종합 제철소 부지 선정은 안개 속으로 파묻혔어. 포항종합제철과 건설부, 청와대 경제수석실의 의견이 모두 달랐거든.

그래서 제2 종합 제철소 입지 선정 조사를 다시 하기로 했어. 포항종합제철의 주관 아래 네덜란드의 기술 용역 회사와 일본의 해양 컨설턴트, 가와사키제철 등 3곳에서 동시에 입지 선정 조사를 진행했는데, 결과는 2:1로 가로림만이 우세하게 나왔지. 1979년 3월, 대통령이 주재하는 청와대 회의에서 박태준 사장은 조사 결과대로 가로림만을 제2 종합 제철소 부지로 건의했어. 그러자 건설부 실무 책임자인 유호문 산업입지국장이 "가로림만은 연약 지반이어서 돌멩이 하나 제대로 올려놓을 수 없는 곳"이라며 강력히 반대했지.

결국 이 주장을 받아들여서 현대, 대림, 삼환, 동아 등 4개의 건설 업체가 종합 제철소 건설 부지에 대한 재조사를 했는데, 이번에는 아산만이 적합하다는 결과가 나왔어. 이 결과에 따라 제2 종합 제철소 부지를 아산만으로 결정했지. 그런데 막상 땅을 파고들어가 보니 모래로 예상했던 곳은 뻘이었고, 바위로 추정했던 곳은 부스러지기 쉬운 풍화암이나 편마암이 대부분이었어. 아산만에 종합 제철소를 건설하려면 부지 조성 공사에 막대한 돈이 들어가게 생긴 거야.

그러던 중 10·26사태로 박정희 대통령이 서거하면서 제2 종합 제철소 건설 사업은 다시 중단되고 말았지. 그후로 이어진 정치 혼란기 동안 포항종합제철에서는 내부적으로 새로운 제2 종합 제철소 건설 부지를 탐색했어. 그 결과 전라남도에 있는 광양만이 제2 종합 제철소 건설 부지로 가장 적합하다는 결론을 내렸지.

하지만 전두환 국보위의 건설분과위원회에서는 제2 종합 제철소 부지로 아산만을 주장했어. 포항종합제철에서는 자체 조사한 보고서를 토대로 진정서를 작성해서 전두환 국보위 위원장에게 전달했고, 결국 프랑스 르 아브르 항만청에 용역을 주어 그 결과를 토대로 최종 결정을 내린다는 방침을 세웠어.

뭔가가 매우 복잡하게 얽혀 있다는 생각이 드네요. 르 아브르 항만청의 조사보고서로 모든 불만이 사라졌나요?

르 아브르도 아산만을 제2 종합 제철소 부지로 추천하는 보고서를 냈는데, 새로운 변수가 생겼어. 그동안 물가가 너무 오른 거야. 정부가 제철소 건설에 대한 부담금을 다시 계산해 보니 1978년 처음 아산만을 선정했을 때와 무려 2배 이상의 차이가 났던 거지.

포항종합제철은 다시 광양만을 제2 종합 제철소 부지로 추천했어. 국토개발연구원은 프랑스의 르 아브르 항만청 기술진과 공동으로 제2 종합 제철소 건설 입지를 놓고 아산만과 광양만에 대한 경제 분석을 실시했고, 광양만이 여러모로 경제적이라는 결론을 내놓았어.

여기에 지역 균형 개발이라는 정책적 요인도 광양을 종합 제철소 부지로 결정하는 데 큰 역할을 했지. 제2 종합 제철소 건설이 확정되면 호남 지방은 여천석유화학단지와 함께 중화학단지 2개를 보유하게 되어 지역 간 균형 개발과 수도권 인구 억제 정책에 효과를 거둘 수 있는 데다, 안보적인 측면에서도 아산만보다는 광양만이 훨씬 유리하다고 분석했거든.

이런 과정을 거쳐 1981년 11월 5일 광양만을 제2 종합 제철소 부지로 확정 발표했어. 박태준 사장은 1981년부터 새롭게 개편한 회사 구조에 따라 포항종합제철 회장으로 취임했지.

광양제철소 건설 부지는 확정했는데, 설비 구매 단계에서는 특별한 사건이 없었나요?

광양제철소 설비 구매 단계에서는 크게 두 가지 사건이 있었는데, 하나는 한국중공업이 설비 국산화 명분을 내세우며 광양제철소를 통째로 맡아 짓겠다고 나선 사건이고, 또 하나는 일본의 강력한 견제였지. 먼저 한국중공업 사건부터 알아볼까?

한국중공업의 전신은 현대양행이야. 국보위는 1980년 8월 20일 발전 설비 통합 정책을 추진하면서 현대양행을 국영화했어. 현대양행은 현대중공업과 통합

현대양행에서 만도, 두산중공업까지 ▼

현대양행은 1962년 10월 정인영에 의해 설립된 주식회사다. 정주영 회장의 바로 아래 동생인 정인영 회장은 1961년 현대건설 사장으로 취임한 이듬해에 스푼, 나이프, 포크 등의 양식기를 만드는 현대양행을 세우고, 1969년부터는 자동차 부품을 만들기 시작했다.

1980년이 되자 신군부가 집권하여 발전 설비 통합 정책을 추진하면서 강제로 기업을 분할 합병했다. 현대양행도 주력 사업 분야인 중공업 부문의 경영권을 신군부에 넘겨야 했다.

현대양행의 중공업 분야를 빼앗긴 정인영 회장은 같은 해에 남아 있는 현대양행의 기계사업부를 독립시켜 자동차 부품 회사인 만도기계(주)를 세웠다.

만도기계는 1997년 정인영 회장의 한라그룹이 부도를 내면서 함께 부도 처리되었고, 1999년 경주 공장은 프랑스 발레오 사에, 아산 공장은 UBS에 각각 팔려 다국적 기업이 되었다. 아산 공장은 이후 만도공조(주)로 상호를 바꾸고 김치냉장고 딤채를 생산하는 제조 업체로 변신했다. 한라그룹은 2001년 한라컨소시엄을 형성해 만도를 다시 인수했다.

신군부에 의해 강제로 공기업이 된 현대양행은 한국중공업으로 상호를 바꾸고 발전소 설비 건설에 전념하다가 경영 부진으로 자본을 잠식당하면서 민영화 대상이 되었고, 2000년 두산그룹에 매각되었다. 2001년 한국중공업은 두산중공업으로 이름을 바꾸고 2005년 대우종합기계를 인수하면서 지금에 이른다.

되어 한국중공업으로 이름을 바꿔 발전 설비를 전문으로 생산하는 회사가 되었고, 정부 투자 관리 기업을 거쳐 한국전력이 주도하는 공사가 되었지.

1982년, 광양제철소 건설에 관한 세부 사항 승인이 떨어지자 한국중공업은 대통령의 재가를 받았다며 광양제철소 1기 설비에 대한 사업을 도맡겠다고 주장했어. 외국 기술과 차관 도입을 한국중공업이 전담하는 대신 차관 조건은 포항종합제철에 그대로 넘기겠다는 조건이었는데, 이것은 광양제철소의 사업자로 공식 선정된 포항종합제철의 권리를 통째로 빼앗겠다는 선전포고나 마찬가지였지.

박태준 회장은 강력히 항의했고 정부는 광양종합 제철소의 국산화 범위를 심사를 통해 결정하자는 타협안을 제시했어. 포항종합제철은 정부·학계·관련단체 전문가 9명을 위원으로 하는 '설비국산화자문위원회'를 결성했고, 여기에서 여러 업체가 공동으로 참여하는 컨소시엄 방식의 구매 방법을 도출했지.

이 방법이라면 설비 국산화 비율을 높이면서도 선진국으로부터 기술 이전도 쉽게 받을 수 있고 설비의 성능도 보장받을 수 있을 것이라는 최종 판단을 내렸어. 결국 정부는 포항종합제철의 의견을 받아들였고, 한국중공업은 포항종합제철이 정한 기준에 따라 선정한 국내 8개 업체에 포함되는 선에서 설비 국산화 논란은 정리되었지.

왜 같은 일이 반복되는 거죠?
설마 일본과도 똑같은 일이 일어나는 건 아니겠죠?

일본과는 좀 다른 상황이었지. 한국에서 제2 종합 제철소를 짓는다는 본격적인 움직임을 포착하자, 세계 철강 업체는 입을 모아 광양종합 제철소 건설을 반대하고 나섰어. 세계 철강 업계가 불황으로 빠져들고 있는데, 뭐 하러 거대한 종합 제철소를 또 지어 철강의 경제성을 떨어뜨리려 하느냐는 비난이었지. 당시 국제철강협회(IISI) 회장국이었던 일본은 이러한 세계 철강 업계의 여론을 의식하지 않을 수 없는 입장이었어.

광양제철소를 21세기형 최신예 제철소로 건설한다는 목표를 세운 포항종합제철은 일본 철강 업계의 협력이 꼭 필요한 상황이었지만, 일본의 거부로 기술 협조는 불가능한 상황이 되고 말았지.

그러자 박태준 회장은 이번 기회에 일본에 편중되어 있는 설비 도입선을 유럽과 미국 쪽으로 돌리기로 결심하고, 1983년 5월 유럽과 미국 순방길에 올랐어. 일본이 전반적으로 세계 최고의 철강 기술국인 것은 틀림없는 사실이지만 유럽이나 미국의 철강 기술 중에는 일본보다 앞선 분야도 많았지.

박 회장이 여러 나라의 설비 제작사를 상대로 광양종합 제철소 건설의 타당성을 설득하며 협력을 요청하자 의외의 반응이 나왔어. 당시 세계적인 불황으로 신규 수주가 없어 고전하던 철강 업체들이 적극적인 협력 의사를 밝힌 거야.

박태준 회장의 순방 결과가 알려지면서 일본의 설비 제작사들은 큰 충격을 받았지. 자칫하면 23억 달러에 달하는 막대한 설비를 모두 유럽과 미국 업체에 빼앗길 상황에 처했거든.

그제야 현실을 직시한 일본 철강 업체는 그간의 경위를 해명하면서 광양제철소 건설에 협력하겠다는 의사를 전달했지. 포항종합제철은 훨씬 느긋해졌어. 일본의 설비를 도입한다고 해서 손해 볼 것도 없고, 오히려 유럽과 미국 업체들 간의 경쟁을 유도하면 더 저렴한 가격과 유리한 조건으로 설비를 구매할 수 있는 거잖아.

1983년 7월 5일, 세계의 선진 설비 공급 업체들이 앞다투어 경쟁에 참여하는 유리한 조건에서 광양제철소 설비 입찰을 진행했는데, 1차 입찰에서 영국 데이비 매키(Davy-Mckee) 사가 좋은 조건과 함께 가장 낮은 설비 가격을 제시했어. 일본 IHI 사보다 무려 20%나 싼 가격이었지.

포스코는 그동안의 관계를 생각해서 IHI 사의 입찰 담당자에게 데이비 매키 사만큼 가격을 내리는 게 어떠냐고 조언했지만 IHI 사는 고집을 꺾지 않았지. 결국 광양 1고로는 데이비 매키 사로 낙찰되었고, 광양제철소의 고로가 영국업체에 낙찰되었다는 소식을 들은 일본은 엄청난 충격에 사로잡혔어.

하지만 포항종합제철로서는 아시아 최초로 영국제 고로를 도입하면서 일본에 대한 설비·기술 의존을 과감하게 벗어버리는 변화의 순간을 맞이하게 된 거야.

광양종합 제철소는 바다 위에 건설했다는데, 건설 과정이 만만치 않았을 것 같아요.

광양종합 제철소 건설은 대한민국의 지도를 바꾸는 일에서부터 시작되었어. 섬과 이어진 바다를 매립해서 부지를 조성했으니까.

바다에 땅을 만드는 첫 번째 작업은 바다를 막는 호안 공사야. 1982년 9월 28일 총 길이 13.6km의 거대한 제방을 쌓아 바다를 막는 호안 공사를 시작했지.

포항종합제철은 감사팀을 구성해서 공사 구역별로 상태를 점검하고, 불량 시공 지역은 박태준 회장에게 빠짐없이 보고했어. 그런데 현장을 돌아보던 박태준 회장이 감사팀은 미처 생각지도 못했던 곳을 지적하는 거야. 바다를 막는 호안 공사의 수중 시공 상태를 점검했느냐는 거였는데, 바다 밑까지 확인해야 한다는 생각조차 하지 못했던 감사팀은 그저 고개를 숙일 수밖에 없었지.

바다 밑은 공사도 어렵지만 점검은 더 어려워. 더욱이 감사팀 중에 잠수를 해

본 사람은 하나도 없었지만 업무 지시가 떨어졌으니 무조건 해야만 했어. 호안 공사가 부실하면 나중에 힘들여 조성한 부지나 그 위에 건설한 제철소가 통째로 무너질 수도 있기 때문에 수중 탐사는 꼭 필요한 일이었지.

장마철이라 비가 오락가락하는 날씨에도 감사팀은 쌓인 돌 하나하나를 일일이 확인하며 규격 미달은 삼각, 석질 불량은 엑스, 짜임새 불량은 크게 원으로 표시하여 사진을 촬영했어. 급류에 휘말려 호안 내부로 빠져들어 가는 사고가 발생하는 등 죽을 고비를 넘겨가며 감사팀 직원들은 수중 감사를 무사히 마쳤지.

그 덕택에 호안 공사 곳곳에는 '공사 불량 재시공 지구'라는 크고 붉은 글씨의 대형 간판이 세워졌어. 박태준 회장의 지시였지. 현장 사람들의 경각심을 일깨워 다시는 공사 품질에 불량이 없도록 하겠다는 단호한 의지의 표현이었지.

• 호안 공사로 만들어진 제방 모습

감사팀에게는 **불량 공사 간판이 훈장**이나 다름없네요. ## 호안으로 바다를 막은 다음에는 땅을 만드나요?

제철소가 들어설 지역은 섬진강 하구 남쪽의 저지대로, 만조 때는 바닷물이 차고 간조 때는 모래언덕이 드러나는 간석지였지. 호안 공사로 바다를 막은 이곳에 준설 매립 공사로 흙을 쏟아부어 제철소 부지를 만드는 거야.

준설 매립 공사에서 가장 중요한 것은 준설선이야. 24시간 내내 바다 밑의 흙을 빨아들여 매립 예정지에 쏟아붓는 일을 하기 때문에 제철소 건설을 위해 광양으로 동원된 준설선단은 실로 어마어마했어. 준설 매립 작업을 진행하던 1983년 9월에는 전국의 준설선단 중 70%를 광양에 투입했다고 하니, 규모가 어느 정도인지 짐작되지?

부지가 조성되자 또 다른 문제가 생겼어. 제철소 부지가 연약 지반이었던 거야. 점토처럼 미세한 입자가 수분을 잔뜩 흡수하면서 매립한 흙의 무게를 견디지 못해 결국 무너지게 될 위험에 처한 거지. 흙의 무게도 견디지 못하는 지반에 제철소를 건설하는 건 불가능하기 때문에 반드시 지반을 단단하게 만드는 보강 공사를 진행해야 했어.

1984년 1월 20일, 연약 지반 개량 공사를 시작했지. 드넓은 부지 곳곳에 길이 40m에 이르는 거대한 모래기둥 타설기들이 줄지어 들어서 98만 개의 모래말뚝(또는 모래다짐말뚝)을 땅속 깊이 박아 넣고 흙 속의 물을 강제로 빼내 부지를 단단하게 만드는 공사였어.

연약 지반 개량 공사가 끝나자 비로소 광양종합 제철소가 들어설 탄탄한 땅이 완성되었지. 지금까지 지구상에 존재하지 않았던 새로운 땅이 생겨난 거야.

• 광양제철소 부지 연약 지반 보강 공사를 위해 설치한 모래기둥 타설기

이렇게 조성한 부지에 1985년 3월 5일 1기 설비를 착공했고, 1992년 10월 2일 광양제철소 4기 설비를 준공하면서 4반세기 대역사의 포항종합제철 종합 준공이 이루어졌지. 그리고 1999년 3월 31일 광양 5고로를 준공하면서 광양종합 제철소는 단일 제철소로는 세계 최대 규모를 자랑하는 최첨단 제철소로 자리매김하게 된 거야.

가만, 포항종합제철주식회사는 국가 기업인데 왜 공사가 아니라 주식회사로 시작했어요?

1967년 11월 10일, 종합제철사업추진위원회는 포항제철을 주식회사로 설립한다는 결정을 내렸지. 당시 박정희 대통령은 포항종합제철을 공사로 설립하는 게 어떻겠느냐는 의견을 제시했는데, 박태준 위원장이 반대했다고 해. 주식회사로 설립해야 자율적이고 독립적인 의사 결정이 가능하고, 정치권의 입김에서도 자유로울 수 있다는 주장이었지. 박정희 대통령이 이 의견을 수용하면서 포항종합제철은 국영 기업이면서도 주식회사라는 독특한 체제를 갖추게 된 거야.

하지만 포항종합제철도 언젠가는 민영화되어 진정한 국민의 기업으로 거듭나야 한다는 비전을 가지고 있었어. 포항종합제철은 1986년부터 증권전문가와 대학교수, 변호사 등의 전문가로 분석팀을 구성해 기업 공개를 위한 준비 작업에 들어갔어. 한국증권학회에 기업 공개에 관한 연구를 의뢰해서 다음 해 4월 연구 결과를 보고받기로 해 둔 상태였지.

이렇게 민영화 준비를 차곡차곡 진행하고 있는데 갑자기 난데없는 일이 벌어졌어. 1987년 3월 25일, 전두환 정부는 금융 산업 개편과 주식 시장 안정화를 위한 방침을 발표하면서 시중 은행이 보유하고 있는 포항종합제철의 주식을 새로 개설하는 장외 시장에서 입찰 방식을 통해 매각하겠다고 한 거야.

포항종합제철은 경악을 금치 못했지. 장외 시장에서 입찰 방식으로 포항종합제철의 주식을 팔겠다는 것은 일부 재벌 기업에게 특혜를 주겠다는 뜻이나 마찬가지라고 판단했거든.

그렇게 되면 정부가 지명한 소수의 기관 투자가만 입찰에 참여할 수 있는데, 그들이 특정 재벌과 대리인 계약을 맺고 입찰에 참여하는 날이면 포항종합제철은 어느 재벌 기업의 회

• 포항종합제철주식회사 현판

사로 전락할 위험이 있었어.

하지만 이 정책을 발표한 주체는 포항종합
제철의 대주주인 정부였지. 정부의 정책을 바
꿀 수 있는 건 국민의 힘밖에 없다고 생각한
박태준 회장은 대대적인 언론 홍보 대책을 지
시했고, 포항종합제철은 자신들의 입장을 알
리는 데 전력 투구했어. 포항종합제철이 조상

● 제1호 국민주 포항종합제철 주식회사 주식

들의 혈세로부터 이어 내려온 국민의 재산임을 천명하고, 언론과 국민이 국가
기간산업인 포항종합제철을 지켜 달라고 호소한 거야.

언론은 포항종합제철의 주장에 적극적인 지지를 보냈고, 국민 여론도 거세어
졌지. 결국 전두환 정부는 여론에 굴복하고 1987년 4월, 포항종합제철의 장외
매각 방침을 철회했어.

그로부터 1년 뒤, 1988년 6월 10일 포항종합제철은 국민주 1호 기업으로 공개
되어 민영 기업이 되었지. 그리고 2002년 회사 이름을 포스코로 바꾸었어. 지금
부터는 우리도 '포스코'라고 부르도록 하자.

포항종합제철에서 포스코까지 정말 많은 일이 있었네요.
이제 **현대그룹의 종합 제철소 건설 이야기**를 들려주세요.

현대그룹은 제2 종합 제철소 사업자 선정에서 포항종합제철에게 밀린 후에도
종합 제철소를 건설하겠다는 도전을 계속했어. 1984년에는 충남 가로림만에,
1994년에는 부산 가덕도에 제3 종합 제철소를 건립하겠다는 계획을 발표했지만
계속되는 정부의 견제로 꿈을 이루지 못했지.

1996년 현대그룹 회장으로 취임한 정몽구 회장은 일관 제철소 건설을 추진하
겠다는 포부를 밝혔지. 하지만 김영삼 정부는 이번에도 철강의 공급 과잉이 우

려된다며 현대그룹의 일관 제철소 건설을 허락하지 않았어.

정몽구 회장은 포기하지 않고 1997년에 다시 경남 하동과 전라남도 율촌 등을 후보지로 내세우며 일관 제철소를 건설하겠다는 의지를 천명했어. 그리고 현대 일관 제철소 유치를 위한 서명 캠페인을 대대적으로 벌였지. 경남 지방에서 시작하여 전국으로 확산된 이 캠페인에는 무려 280만 명이 참가했다고 해.

하지만 정부는 냉담했어. 더욱이 1997년에 들어서면서 한보사태로 온 나라가 휘청거리는 지경이 되면서 현대그룹의 일관 제철소 건설 계획은 더욱 험난한 길을 걷게 되었지. 김영삼 정부가 물러가고 김대중 정부가 출범했지만 나라를 휩쓴 외환위기 때문에 현대그룹의 하동 프로젝트는 막을 내리지 않을 수 없었어.

1998년 현대그룹은 당분간 제철 사업에 신규 투자를 하지 않겠다고 공식 발표하면서 전기로 사업에 박차를 가했어. 2000년 강원산업을 흡수 합병하면서 세계 2위의 전기로 업체로 부상했고, 같은 해에 삼미특수강을 인수하면서 물 밑에서 영역을 확장해 나갔지.

2001년 인천제철은 계열 분리를 통해 현대자동차그룹으로 재출범하면서 INI 스틸로 이름을 바꿨어. 그리고 2004년, 한보철강 당진제철소를 인수하면서 비로소 일관 제철소 건설의 꿈에 바짝 다가서게 되었지.

정부는 왜 갑자기 민간 업체인 한보철강에 제철소 건설을 허용한 거죠?

한보그룹이 처음에 아산만에 짓겠다고 한 것은 일관 제철소가 아니야. 전기로와 압연기 등을 건설하고 제강 공장과 철골 공장 등을 한자리에 모아 대규모 철강 단지를 구축하겠다는 거였어. 규모가 크긴 했지만, 일관 제철소가 아니었기 때문에 딱히 규제를 받을 만한 상황은 아니었지.

한보그룹은 정태수 회장의 한보건설로 시작한 회사야. 23년간 세무공무원이었던 정태수 회장은 한보주택을 설립하여 하도급 공사를 하다가 1976년 삼안건설을 인수하면서 직접 주택 건설 공사를 시작했는데, 한보주택은 서민용 아파트 건설 사업에서 잇달아 성공을 거두며 승승장구했지.

1979년 한보주택은 부도 업체인 초석건설을 인수하여 회사 이름을 한보종합건설로 바꾸고 해외 건설 공사에 진출했어. 한보종합건설의 중동 건설 사업과 한보주택의 국내 아파트 건설 사업이 탄탄대로를 달리면서 한보그룹은 여러 개의 계열사를 설립하고 재벌 기업으로 발돋움했지.

하지만 중동 건설 경기가 퇴조하면서 경영 실적이 떨어지고, 재무 구조가 악화되어 법정 관리까지 가는 수모를 겪었는데, 이 위기를 돌파하기 위해 정태수 회장은 돈이 안 되는 건설 사업을 정리하고 한창 잘나가는 철강 사업으로 관심을 돌렸어. 1984년 한보그룹은 금호그룹 계열사인 금호철강을 인수하여 한보철강으로 이름을 바꾸면서 철강 사업에 뛰어들었지.

더 이상 **돈이 안 된다는 이유로 건설 사업을**
쉽게 걷어치우는 걸 보니 왠지 불길한데요? 그래서 **민간 기업의**
제철소 진출은 엄격한 관리와 통제를 받아야 하는 거군요.

중소 규모의 철강 사업은 얼마든지 민간 업체가 진출할 수 있는 영역이야. 정부의 규제가 필요한 것은 거대한 규모의 종합 제철 사업이지. 그런 의미에서 정태수 회장의 철강 사업 진출 그 자체를 비난할 수는 없어. 문제는 사업을 가치로 보지 않고 욕심을 충족하는 수단으로 삼았다는 데 있지.

탄탄하게 입지를 다져 나가던 한보철강이 정상 궤도를 이탈한 것은 1990년 후반이야. 한보그룹은 1990년 12월 아산만에 1조 2,000억 원을 투입해 연산 290만 톤 규모의 철강 공업 단지를 조성하겠다고 발표했지. 충남 당진군 아산만 일대의 297만여m²를 매립하고, 철강재를 생산하는 공장 6개와 철골 가공 생산 공장 등 총 9개 공장을 1996년 6월까지 건설하겠다는 계획이었어.

그런데 아산만 프로젝트를 진행하면서 정태수 회장이 이상한 마술을 부리기 시작했지. 시간이 흐를수록 아산만 철강 단지 예상 건설 비용이 기하급수적으로 증가한 거야. 애초에 철강 공장들이 모여 있는 공업 단지로 계획했던 것도 이상하게 변해 가고 있었어. 제철 설비로 도입한 코렉스 공법이나 최첨단 철강 기술이 필요한 고급 전기로 시설인 박슬래브 미니밀 같은 설비를 아무런 검증 없이 추가 도입하면서 걷잡을 수 없는 지경으로 치닫게 된 거야.

코렉스 설비와 한보철강의 정치 자금 ▼

코렉스 공법은 코크스 공정을 없애고, 철광석과 무연탄을 직접 코렉스로에 넣어 쇳물을 만드는 공법이다. 하지만 코렉스로는 반드시 큰 덩어리로 된 괴광만 사용해야 하므로, 원료를 구하기가 힘들어 현실적으로 사용이 어렵다.
한보철강은 코렉스 설비를 국제 가격보다 55%나 더 비싸게 구입하여 정치 자금 제공의 의혹을 샀으며, 실제로 김영삼 대통령의 차남인 김현철 씨와 유명 정·재계 인사가 다수 연루되었음이 밝혀지면서 법적 처벌을 받기에 이르렀다.

코렉스 공법은 신기술로 지정된 제철 기술이긴 했지만, 당시에는 포항종합제철조차도 실험 삼아 조심스럽게 적용해 보는 단계였고, 박슬래브 미니밀*도 우리나라 실정에 맞지 않는다는 결론을 내리면서 시기 상조로 여겨지는 설비였지.

한보그룹은 1997년 1월 거액의 부도를 내며 몰락했는데 부도 당시 한보그룹의 자기 자본은 2,200억 원, 부채는 약 5조 7,000억 원이었어.

국민들은 대한민국 은행이 한보철강이라는 한 회사에 퍼준 부실 대출 규모에 경악을 금치 못했지. 그리고 언론이 정계와 관계, 금융계의 유착 비리와 부정의 실태를 연이어 보도하면서 한국 경제는 빈사 상태에 빠지고 말았어.

* 박슬래브 미니밀 미니밀(mini-mill)이란 고철을 녹여 쇳물을 만드는 전기로 방식으로 열연코일과 같은 강판류를 생산할 수 있는 소규모 제철 공장을 뜻한다. 고로에서 생산하는 쇳물에 비하여 전기로에서 생산하는 쇳물은 품질이 다소 떨어져 주로 철근과 같은 건축용 자재를 생산하는 데 쓰이지만, 전기로 기술이 발달하면서 고급 강재용 쇳물을 생산할 수 있는 전기로도 많이 개발되었다.
당진 철강 단지 A지구에 도입한 박슬래브 미니밀 열연 공장은 고로에서 생산된 선철과 고급 고철을 연료로 하여 55mm의 얇은 슬래브를 주조한 후 고급 강재용 열연강판을 생산하는 공장이다.

재벌 그룹과 은행들이 줄줄이 파산했고, 국가신용도가 낮아지면서 돈을 빌려준 외국 은행들의 상환 요구가 거세어졌어. 그러다 결국 국가 파산의 위기가 몰아닥친 거야. 1997년 12월 3일 IMF에서 긴급경제구제자금을 지원받으면서 한국 경제는 IMF관리체제라는 전대미문의 상황에 빠져들었지.

길 잃은 철강 회사 하나가 온 나라를 불행에 몰아넣었군요. 한보철강 당진제철소는 현대제철에서 인수했죠?

결국 민간이 주도하려고 했던 일관 제철소의 꿈은 모두 현대제철로 모여든 셈이지. 이런저런 이유로 부서지고 조각났던 꿈들이 한데 모여 마침내 현실로 뚫고 나오는 데 성공했다고 해야 할까.

1997년 1월, 법원으로부터 최종 부도 판결을 받은 한보철강은 채권단이 매각 결정을 내렸지만 선뜻 인수자가 나서지 않았어. 제철소 건설을 중단한 당진군 경제는 그야말로 피폐해졌지. 어떻게 해서든 당진제철소를 회생시켜야만 했어. 2004년 1월 채권단은 제3차 재매각 절차에 들어가 현대자동차그룹의 INI스틸과 현대하이스코 컨소시엄을 우선 협상자로 선정했어. 그해 7월 인수 계약을 체

●현대제철 당진 일관 제철소

결했고, 9월 한보철강 당진제철소의 매각 작업은 끝이 났지.

2004년 10월 12일, INI스틸은 당진에서 열린 한보철강 인수 합병식에서 세계 최고의 철강 기업으로 도약하겠다고 선포했어. 한보철강 당진제철소는 INI스틸 당진 공장, 현대하이스코 당진 공장이라는 새 이름을 얻고 제 역할을 찾게 되었지. 당진제철소 인수를 계기로 INI스틸은 2006년 현대제철로 사명을 바꾸고 당진 공장을 가동하며 본격적인 생산을 시작했어.

충청남도는 2006년 1월 현대제철소가 신청한 일관 제철소 부지에 당진 송산 일반지방산업단지 지정 고시를 발표했고, 그해 9월 당진 공장 5만 톤 부두가 개항했지. 그로부터 한 달 뒤인 2006년 10월, 드디어 현대제철은 일관 제철소 기공식을 개최했어.

아, 왜 이렇게 가슴이 뭉클하죠?
포항종합제철 이야기를 들을 때와는 또 다른 느낌이에요.

2007년 현대제철은 룩셈부르크의 폴워스 사와 고로 엔지니어링 및 핵심 설비 계약을 맺었고, 2008년에는 브라질 발레 사와 철광석 공급 계약을 맺으며 일관 제철소 가동 준비를 차근차근 진행해 나갔어. 2008년 충청남도와 건설교통부는

현대제철이 추진하는 송산일반산업단지의 규모를 대폭 확대해서 당초 317만m²에서 90만m²가 늘어난 407만m²로 최종 확정했지.

현대제철은 송산일반산업단지에 총 5조 2,400억 원을 들어 밀폐형 원료 처리 시스템과 친환경 폐기물 처리 시설을 갖춘 일관 제철소 건설을 시작했어.

공사는 예정대로 순조롭게 진행되어서 2010년에 1고로와 2고로가 가동을 시작했고, 2013년 3고로에 불을 댕기면서 현대제철 일관 제철소 건설 7년의 역사를 마무리했지.

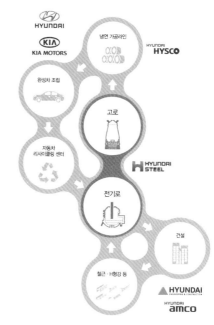

● 현대자동차 그룹의 자원 순환형 사업 구조

현대제철은 3기의 고로와 전기로에서 연산 2,400만 톤의 조강 생산 체제를 갖추며 세계 10위권의 글로벌 철강사로 발돋움하게 되었어. 뿐만 아니라 현대그룹의 창업자인 정주영 회장이 생전에 그렇게도 바라던 자원 순환형 고리를 완성하게 되었지.

현대제철은 그룹 내에서 철강이 순환하는 특이한 구조를 보유하고 있는데, 이것을 자원 순환형 사업 구조라고 해. 자연 상태의 철광석이 고로에서 쇳물이 되어 나오고, 이 쇳물로 만든 철강 제품을 열연강판으로 가공하는 것까지가 현대제철소 담당이야. 현대 하이스코는 열연강판을 냉연강판으로 가공하고, 현대자동차와 기아자동차는 냉연강판으로 자동차를 만들지. 이 자동차가 수명을 다하면, 폐차를 처리하는 자동차 리사이클링 센터로 가서 철 스크랩이 되고, 철 스크랩은 현대제철의 전기로에 들어가 쇳물로 다시 태어나게 돼.

전기로에서 재생산된 이 쇳물은 철근과 H형강으로 가공되어 현대건설과 현대엠코 같은 토목 건설 회사로 넘어가지. 여기서 수명을 다한 폐건설 자재는 또다시 철 스크랩*으로 재활용되어 전기로의 원료가 돼. 현대그룹은 철을 하나도 버리지 않고 계속 사용하는 세계 최초의 자원 순환형 사업 구조를 완성한 거야.

그래서 **정주영 회장이 '현대그룹의 완성은 종합 제철소**'라고 했던 거군요.

그렇지. 하지만 현대제철이 생산하는 철강을 현대그룹 안에서만 사용하는 건 아니야. 아무리 민간 기업이라 하더라도 일관 제철소를 지은 이상, 기업의 이익보다는 대한민국 철강 산업의 발전이라는 공공의 책임을 다해야 해.

현대 일관 제철소가 자리 잡은 아산만에는 새로운 당진 철강 벨트를 구축해가고 있어. 동국제강과 동부제강, 휴스틸 같은 철강 회사들이 속속 모여들면서 새로운 철강 산업 단지로 부상하고 있지. 아산만은 이제 포항제철소가 있는 영일만, 광양제철소가 있는 광양만과 함께 우리나라 철강 산업 단지의 삼각구도를 형성하게 되었지.

대한민국 철강 산업은 이제 포스코와 현대제철이라는 든든한 쌍두마차를 가지게 되었어. 건강한 라이벌이 없으면 발전에 한계가 있어. 하지만 경쟁자가 있으면 사정은 달라지지. 대한민국 철강 산업은 이제 새로운 시대를 맞이하게 될 거야. 포스코와 현대제철이 우호적인 경쟁을 벌이며 우리나라의 철강 산업을 발전시키기 위한 윈윈 전략을 구사할 것이기 때문이지. 그래서 모두들 현대제철의 약진에 주목하고 있어.

> * **철 스크랩(iron scrap)** 쇠부스러기나 파쇄, 고철 등의 폐철을 통칭하여 부르는 말로, 전기로의 원료가 된다. 철 스크랩은 철강의 종류에 따라 세밀하게 분류하여 각각의 용도별로 적절하게 사용한다.

강철 시대를 연 베세머

• 헨리 베세머

영국의 헨리 베세머(Henry Bessemer：1813~1898)는 항아리 모양의 전로를 이용하여 선철을 강으로 만드는 제강법을 발명한 사람이다.

그는 크림 전쟁에 사용할 대포를 제조했는데, 포탄의 포신이 발사 때의 충격을 이기지 못하고 자꾸만 깨졌기 때문에 우수한 강철의 필요성을 절감했다. 베세머는 1년여의 다양한 실험을 통해 마침내 1855년 회전이 가능한 항아리 모양의 전로(Converter)을 이용한 강철 제조 방법을 개발했다. 베세머의 전로 제강법으로 강철의 대량 생산이 가능해졌다.

베세머 제강법이라고 불리는 전로 기술은 산화 과정에서 생성되는 열을 활용해 선철에 공기를 불어넣음으로써 탄소를 제거하는 방법으로, 철 속에 포함된 탄소의 성분을 조절할 수 있는 획기적인 제강 기술이다. 이 제강법은 우수한 제강 능력은 물론이거니와 기존 기술에 비해 처리 시간이 10배 이상 빠르다. 기존 기술을 이용하면 3~5톤의 선철을 가공하는 데 하루가 걸렸다면 베세머 제강법을 이용하면 10분으로 단축된다. 이러한 장점은 강철의 비약적인 대량 생산을 가능하게 했다.

하지만 베세머의 조국이자 당시 철강 선진국이었던 영국에서는 기존 업체들의 견제로 신기술 도입이 늦어졌고, 오히려 산업혁명의 후발 주자였던 독일과 미국이 베세머의 전로법을 재빨리 적용함으로써 강대국의 판도를 뒤바꾸는 결과를 가져왔다.

강철의 대량 생산은 선박과 무기 등의 발달 속도에 영향을 끼쳤고 석조 건물의 한계였던 5층 높이를 뛰어넘는 고층 마천루의 출현으로 이어졌다.

베세머는 1879년 영국 정부로부터 업적을 인정받아 기사 작위를 받았으며, 왕립학회 회원으로 선출되기도 했다. 1874년에는 철강 산업의 노벨상으로 불리는 '베세머 금상'을 제정했는데, 1920년에 스테인리스 강을 발명한 브리얼리가 이 상을 수상했다. 1987년에는 우리나라의 박태준 회장이 베세머 금상을 수상한 바 있다.

06

사라진 맨홀 뚜껑은
어디로 갔을까!

포항종합 제철소를 건설하기 전 우리나라의 철강 산업을 이끈 주역
은 전기로 제강 회사들이다. 전기로에서 고철을 녹여 전후 복구 사업
과 근대 부흥에 필요한 여러 가지 철강 제품을 생산하고, 이를 수출
함으로써 국가 경제 부흥의 기반을 차곡차곡 닦아 나갔다. 작은 공장
에서 출발하여 중견 철강 업체에 이르는 전기로 제강 업체의 역사를
들여다본다.

고철 값이
그렇게 비싸요?

"엄마, 나 다쳤어!"

"왜? 어쩌다가?"

아침밥 잘 먹고 학교에 간다고 나간 재철이가 십 분도 되지 않아 들이닥치자 엄마가 깜짝 놀라며 뛰쳐나오셨다. 재철이는 왼쪽 신발을 잃어버리고, 바짓부리가 찢어진 채 종아리에는 찰과상을 입은 처참한 모습이었다.

"맨홀에 빠졌어! 하마터면 추락할 뻔했다고!"

"맨홀? 뚜껑이 얼마나 무거운데, 어떻게 열고 거길 빠졌어?"

엄마의 엉뚱한 대답에 재철이는 답답증이 터지고 말았다.

"내가 연 거 아냐! 누가 훔쳐갔대! 뻥 뚫려 있어서 빠졌다고! 맨홀 뚜껑이 철이잖아요! 고철로 팔려고 훔쳐간 거지."

'아하!' 엄마의 얼굴에 깨달음의 빛이 번졌다. 재철이는 아차 싶었다. 엄마가 깨달으면 곤란하다. 하나만 깨닫는 게 아니라 줄줄이 깨달음이 이어지거든.

"근데 너, 휴대폰 들여다보면서 갔지? 휴대폰에 정신 팔려 걷다가 맨홀 뚜껑 없어진 것도 못 본 거잖아!"

아, 엄마는 어떻게 아셨을까. 휴대폰 혼자 엄마랑 통화했나?

"안 그럼 네가 이렇게 곧장 집으로 올 리가 없지."

그렇군. 엄마의 논리력은 따라갈 수가 없다. 더 이상 징징거리지 말아야지.

"여보, 나 왔어!"

퇴근하신 아빠는 신발을 벗기가 무섭게 화장실로 직행하셨다가 한참 만에야 후련한 표정으로 나오시며 이렇게 말씀하셨다.

"누가 회사 근처 화장실을 돌며 물탱크 레버를 다 빼갔대."

엄마는 재철이와 아빠를 번갈아보며 고개를 갸웃거리셨다.

"참 이상하네. 동네에서는 맨홀 뚜껑이 없어져, 회사에서는 변기 레버가 없어져. 대체 왜 그러는 거야? 불가사리별에서 외계인이라도 불시착했나? 오늘부터 집 안 단속 잘해야겠네. 불가사리가 우리 집에도 숨어 들었을지도 모르잖아."

엄마의 푸념에 아빠와 재철이는 그저 웃을 수밖에. 재철이는 문득 궁금해졌다. 훔칠 것은 많은데 왜 하필 무겁고 덩치 큰 고철일까? 가볍고 비싼 것도 많을 텐데. 기왕이면 신속하게 가져갈 수 있는 게 좋은 거 아닌가?

"그런데 고철이 그렇게 비싸요? 무거워서 훔치기도 힘들 텐데."

재철이가 묻자 아빠는 고개를 끄덕이셨다.

"요즘 고철 값이 무척 올랐다더구나. 철강 품질이 높아지면서 제품의 수명도 길어져 고철이 예전처럼 많이 안 나온대. 전기로는 많은데 고철은 적으니 값이 뛸 수밖에. 고철은 전기로의 원료잖아. 전기로에서는 고철을 녹여 간편하게 쇳물을 만들 수 있을 뿐만 아니라 크기와 용량도 다양해서 민간 철강 설비 업체에서 비교적 건설하기 쉬운 편이야. 우리나라의 철강 산업은 포항종합제철이 건설되기 이전부터 전기로 제강 회사가 기반을 다졌는데, 이번 일을 계기로 그들의 역사 속으로도 한번 들어가 볼까?"

포항종합제철을 건설하는 동안
우리나라 철강 산업은 어떻게 유지되었어요?
철강 제품은 계속 생산해 온 거잖아요.

포항종합 제철소 건설을 추진하는 동안 우리나라의 철강 산업은 국영 기업인 대한중공업공사와 크고 작은 민간 제강 회사들이 이끌어 나갔어. 그러다가 전기로와 압연기를 갖춘 제강 업체들이 하나둘 설립되면서 본격적인 철강 산업의 기반이 형성되었지. 이들 제강 업체는 처음에는 국내에 필요한 철강 제품을 생산했지만 곧 해외로 시장 영역을 확장해 나갔어.

전기로 제강이 어떤 것인지 간단하게 살펴볼까? 제강은 쇳물에서 불순물을 제거하고 성분을 강화하는 물질을 첨가하여 강한 철강을 만드는 과정인데, 전기로는 이와 같은 제강 작업을 하는 철강 설비의 이름이야.

제강의 원료에는 선철, 철 스크랩, 해면철 등이 있는데 선철은 제선 공정에서 생산한 쇳물을 굳혀 만든 것이고, 해면철은 1,000℃ 정도에서 철광석을 가열했을 때 최종 산물로 남는 철 덩어리이며, 철 스크랩은 철강 제품을 생산하는 과정에서 나오는 철 부스러기들과 수명을 다한 철강 제품의 잔재에서 나오는 고철 등을 말해. 즉, 철의 폐품이라고 생각하면 되는 거야. 철강의 종류가 많으니 철 스크랩도 종류가 많겠지? 그래서 철 스크랩은 정해진 기준에 따라 분류하여 등급을 매긴 후 적절한 용도에 따라 전기로의 원료로 공급하고 있어.

발생 장소에 따른 철 스크랩의 종류 ▼

자가발생철스크랩(Home Scrap): 제강 공장이나 철강재 제조 공정에서 발생하는 철강 부스러기
가공철스크랩(Prompt Industrial Scrap): 기계, 자동차, 조선 등의 공장에서 제품을 만들 때 발생하는 철강 부스러기.
노폐철스크랩(Obsolescent Scrap): 사용 수명을 다한 제품에서 수거하는 철강 폐기물. 폐자동차, 가구, 철도, 기계, 선박, 건축 자재, 가전 제품 등에서 수거한다.

고철인 **철 스크랩이 전기로의** 원료라니,
앞으로는 **재활용품 분리 배출을 꼼꼼**하게 해야겠어요.

　아빠가 어릴 때 겪었던 이야기 하나 해 줄까? 제1차 석유파동으로 전 세계가 심각한 경제 불황을 겪을 당시, 선진국들이 고철 수출 규제를 시작했어. 전쟁이 끝난 뒤 국내 고철 생산량이 줄어들면서 전기로 업체들은 주로 수입에 의존하고 있었지. 그런 상황에서 미국과 일본 등이 우리나라에 고철 수출을 금지했으니 우리나라에는 그야말로 고철대란이 일어난 거야. 정부에서는 중고 선박을 사다가 분해해서 철 스크랩을 공급하기도 하고, 학교는 고철 모으기 운동을 벌였어.

　모두들 학교에 내야 할 고철을 구하기 위해서 발을 동동 굴렀지. 아이들이 학교에 내야 할 고철을 구하기 위해서 어른들이 더 바빠졌어. 심지어는 철로 된 새 물건을 사서 고철로 내는 아이들도 생겨났지. 아빠는 어땠냐고? 할아버지께서 고물상을 하셨잖아. 그때만큼은 아빠가 학교에서 왕이었지. 고철왕!

철강 산업 발전에는 민간의 역할도 중요했을 것 같아요. 민간 제강 업계에는 어떤 사람들이 있었어요?

먼저 대한중공업공사로부터 시작해 볼까? 평로 공장과 설비 건설이 끝나고 본격적인 가동 체제로 들어가면서 대한중공업공사에는 거물 사장 시대가 열렸어. 공장은 기술자들에게 맡겨 가동하면 되지만, 공장에서 생산한 제품을 팔거나 원료를 구하는 전반적인 회사의 업무를 담당하려면 새로운 경영 능력이 필요했기 때문이지. 이런 시대적 변화에 따라 대한중공업공사에는 군인 출신의 임원들이 대거 진출하게 돼.

그 가운데 6대 이사장을 역임한 김성은 씨가 있어. 유엔군 군사정전위원회 한국수석대표 해병대 사령관과 국가 재건 최고회의 위원 등을 지낸 인물이야. 그래서인지 김성은 이사장의 취임식에는 전례 없이 군악대를 동원하여 팡파르를 울리는 떠들썩한 분위기를 연출했다는 일화가 전해지기도 해.

대한중공업공사에는 고철을 주원료로 사용하는 평로가 있었는데, 주한 미8군에서 나오는 고철을 불하받아 사용했어. 그런데 김성은 사장이 취임해서 살펴보니 미8군이 대한중공업공사에 불하하는 고철 값이 미국 시세보다 훨씬 비쌌던 거야.

김성은 사장은 미8군 사령관과 주한 미국 대사 등을 직접 만나 고철 가격의 부당성을 따지고 제대로 된 값을 책정받았다고 해. 김성은 사장의 논리 정연한 항의에 쩔쩔매던 미8군 사령관은 고철 불하처장을 맡고 있던 미군 현역 중령을 불러 단단히 기합을 주었다는 후문이 있지.

1962년 11월 10일 김성은 사장은 대한중공업공사의 상호를 인천중공업으로 바꾸고 상법상의 주식회사로 재발족했어. 그러고는 1963년 2월 국방부 장관으로 임명되면서 인천중공업을 떠났지. 비록 7개월이라는 짧은 기간이었지만 김성은 씨는 대한중공업공사의 마지막 이사장이자 인천중공업의 초대 사장을 역임한 기록으로 남았어.

대한중공업공사가 인천중공업이 되고, 인천중공업이 인천제철이 되었죠? 어떻게 된 일이에요?

인천제철은 1964년 10월, 이동준 씨가 설립한 회사야. 이동준 사장은 인천제철을 설립한 후 인천중공업을 인수해서 일관 제철소를 만들겠다는 꿈을 꾸고 있었어. 인천제철은 설립 2년 만에 제선 시설 착공에 들어갔는데, 연산 22만 5,000톤의 선철을 생산하는 대규모 전기로 건설을 시작한 거야. 동양에서 처음이자 최대 규모로 알려졌던 이 전기로는 2년 8개월 만에 완공하여 1968년 12월 27일 가동에 들어갔어.

● 인천중공업(대한중공업공사) 평로 용탕 주입 장면

그런데 꿈은 이루어지는 순간 사라지기도 하는 건가 봐. 일관 제철소의 꿈을 이루었나 싶은 순간, 여러 문제가 한꺼번에 몰아닥쳤거든. 가장 큰 문제는 전기로를 건설하기 위해 무리하게 빌린 돈이었어. 이 돈을 갚으려면 공장이 예상대로 잘 돌아가야 하는데, 가동한 지 얼마 되지도 않은 전기로에서 폭발 사고가 발생한 거야. 일관 제철소의 꿈을 이루려고 고가의 전기로를 구입했지만 현실에서 봐야 할 것을 제대로 보지 못한 대가는 치명적이었지. 전기로를 구매할 때는 반드시 성능 보장과 그에 대한 책임 소재를 확인해야 하는데, 이걸 그냥 무시하고 넘어간 거야. 기술적 무지가 불러온 이 참사는 '운휴 사태'로 이어졌어. 전기로가 가동을 멈추자 인천제철은 할 일이 없는 공장이 되어 버렸지.

인천제철의 운휴 사태는 매년 엄청난 적자를 몰고 왔고, 민영화된 인천중공업이 벌어 들이는 돈은 인천제철의 적자를 메우는 데 전액 투입하느라 두 회사는 부실의 늪으로 함께 빠져 들어가고 있었어. 사태를 더 이상 두고 볼 수 없었던 정부는 인천제철과 인천중공업을 회수해서 산업은행 관리 아래 두었지. 인천중공업은 인천제철과 함께 다시 국영 기업이 된 거야.

세상에는 함부로 꾸면 안 되는 꿈이 있는 것 같아요. 일관 제철소를 건설하겠다는 꿈 같은 것 말이에요.

그래도 인천제철은 현대제철에 합병되어 일관 제철소의 꿈을 이루었잖아. 다 사람이 하기에 달린 거지, 꿈은 죄가 없어.

인천제철에 새로 부임한 송요찬 사장은 1970년 4월 1일, 인천중공업과 인천제철을 합쳐 하나의 회사로 만들고 새 회사의 이름으로는 인천제철을 그대로 쓰기로 했지. 송 사장은 정부 재정 자금 5억 원을 얻어 철강 제품 생산에 필요한 많은 설비를 새롭게 건설했는데, 이러한 시설 확장 덕분에 인천제철은 제강 능력 연산 42만 톤 규모의 거대한 제강 기업으로 되살아났어.

인천제철은 은행 관리로 넘어간 지 7년 만에 부실 기업이라는 불명예를 씻고 중견 철강 기업으로 복귀했어. 그리고 1978년 현대그룹에게 인수되어 INI스틸과 현대제철로 진화함으로써 마침내 일관 제철소의 꿈을 이룬 거야.

전기로는 고로보다 훨씬 간편하고 다루기 쉬운 설비죠? 전기로를 성공적으로 도입한 회사는 어디예요?

1958년 이원재 씨가 설립한 극동철강이라는 회사가 있어. 부산시 동래구 낙민동에 공장을 짓고 압연과 아연도금업으로 철강 사업을 시작했지.

사업을 하는 데는 때가 참 중요해. 경기의 흐름을 잘 타야 성공할 수 있거든. 극동철강도 1960년대 초 월남전이라는 특수 경기를 맞으며 철강재 수출에 날개를 달았어. 특히 철판과 와이어로드는 물건이 없어 못 팔 정도로 인기가 대단했지.

사업이 성장하자 제강 공장의 필요성을 느낀 이원재 사장은, 철강업 동료인 동국제강 장경호 사장과 주변의 사업가들에게 '함께 돈을 모아 전기로를 사자'고 제안했어. 1961년 극동철강과 동국제강, 그리고 '3명의 개인(양재원, 박정우, 장중균)'이 3분의 1씩 돈을 내어 12톤 급의 대형 전기로를 구매하고 부산시 동래구 낙민동에 부산제철소를 건설했지. 부산제철소는 대한중공업공사 평로 공장에 이어 국내에서 두 번째로 건설한 제강 공장인데, 민간 주도로 건설한 첫 번째 제강 공장이자 국내 최초의 전기로 도입 공장이었어.

이원재 씨는 극동철강과 부산제철소의 초대 사장을 겸직했는데, 초기 운영난을 극복하고 사업을 본궤도에 올려놓았고, 1966년 동국제강에 인천제철소 지분과 자신이 가지고 있던 압연 공장까지 넘긴 후 새 출발을 시작했어.

극동철강은 1966년 12월 부산시 서구 구평동에 새로운 전기 제강 공장을 짓고 20톤 급 전기로를 설치하면서 '인화 경영'을 모토로 안정적인 발전을 이루며 수출에 매진했지. 또 1974년에는 30톤 급 전기로를 건설하며 사세를 확장했어. 또 이원재 사장은 한국제강공업협회 제8대 회장으로 선출되는 등 승승장구하다가 그만 대규모 경리 부정 사건이 터지면서 기업 이미지에 심각한 손상을 입게 되었어. 이원재 사장은 사회적 물의를 일으킨 책임을 지고 한국제강공업협회 회장직에서 물러났지.

1976년, 이원재 사장은 자신이 가지고 있는 회사 주식 58%를 금호그룹에 팔면서 대기업 계열사로의 변화를 도모했지만 오히려 회사는 이때부터 파란만장

한 회오리에 휘말리게 돼. 1978년 금호산업으로 사명을 바꿨다가 1981년에는 금호실업에 흡수 합병되어 철강 사업부가 되었고, 1984년에는 부산 공장이 한보 그룹에 매각되면서 한보철강이 되었지.

1996년 12월에는 부산 공장이 다시 한보철강에서 분리되어 한보 부산제강소로 이름을 바꿨다가, 한보사태 이후에는 한동안 법정 관리를 받았고, 2002년 12월 일본의 야마토 그룹에 인수되었고, 그후로 YK Steel(Yamato Korea Steel)로 새롭게 발족하여 지금까지 이어 오고 있어.

창업자가 힘들여 일군 철강 회사가 여기저기 인수 합병 되다가 무너지는 걸 보면 마음이 좋지 않아요. 창업의 모습 그대로 유지되고 있는 철강 회사는 없나요?

동국제강이 바로 그런 회사야. 1954년 설립한 이래 한 우물을 파며 우리나라 철강 산업을 발달시키는 데 큰 몫을 담당했으니까. 동국제강의 역사 속에는 우리나라의 철강 산업 발달사가 그대로 들어 있다고 말하는 사람들이 많아.

동국제강을 설립한 장경호 회장은 스물일곱이 되던 1929년, 대궁상회를 만들고 가마니 장사를 시작했지. 그러고는 가마니 제조업으로 사업 영역을 확장해 나갔어. 장경호 씨가 철강업에 관심을 두게 된 첫 계기는 작은 석유 등잔이라고 해. 조명으로 쓰는 석유 등잔의 수요가 늘어나자 양철로 석유 등잔의 석유통을 만드는 제조업을 시작한 거야. 가마니 공장으로 설립했던 남선물산은 철물 판매업과 창고업, 수산물 도매업까지 점차 사업 영역을 넓혀 나갔지.

철물점에는 못을 만들어 공급하는 제정 업자들이 많이 드나들었어. 그중에는 장경호 씨가 갖고 있는 창고에 자리를 빌려 이제 막 신선기* 사업을 시작한 재일교포가 있었는데, 사업을 시작한 지 얼마 되지

* 신선기(伸線機) 압연한 철강 소재를 넣고 잡아당겨 철사나 선재 등을 만드는 기계. 인발기라고도 한다.

108

않아 그만 화재를 당한 거야. 운영난에 빠진 재일동포는 장경호 씨에게 신선기를 넘겼고, 그는 1949년 조선선재를 설립했어.

해방 후 전후 복구 경기를 타면서 조선선재는 가파르게 성장했지. 장경호 씨는 고철이나 파철, 미군부대 철조망 같은 것을 수거해 압연한 후 신선기로 못과 철사를 만들어 팔았어. 부산에 살았기 때문에 6·25전쟁 피해도 전혀 입지 않았고, 오히려 피난민을 중심으로 판잣집 건설이 유행하면서 못과 철사의 수요가 엄청나게 증가하는 바람에 큰돈을 벌 수 있었지.

돈이 그냥 굴러들어 오는 사람도 있군요. 동국제강은 언제 만들었어요?

아무것도 안 하고 가만히 있는데 돈이 그냥 굴러들어 오겠니? 항상 부지런히 움직이고, 무엇이든 열심히 하나 보니 자기도 모르는 사이에 돈이 들어오는 거지. 장경호 사장은 1954년 부산시 초량동에서 동국제강을 설립했어. 조선선재를 비롯한 전국의 선재 공장에 철강 원료를 공급하기 위해서였지. 1957년에는 영등포에 있던 한국특수제강을 인수하면서 서울에 압연 공장을 갖게 되었고,

• 우리나라 최초의 전기로(등록문화재 제556호)

이곳에서 본격적으로 철강 제품을 생산하기 시작했어. 이때는 동국제강에 철강을 생산하는 제강 설비가 없었기 때문에 인천제철에서 원자재를 구입해서 압연 가공만 했지.

1963년 동국제강은 민간 기업으로서는 최초로 부산시 용호동에 대규모 제강 공장을 건설했어. 갯벌 19만m²를 매립해서 만든 동국제강 부산제강소는 50톤 규모의 큐폴라 용해로를 건설했는데, 민간 기업으로서는 최초로 쇳물을 생산하는 제선 공정을 시작한 거야. 그리고 1961년 극동철강 등과 합자하여 국내 최초로 건설했던 전기로가 부산제철소의 인수 합병과 함께 1966년 동국제강 소유로 넘어왔는데, 이것을 계기로 동국제강은 국내 최초로 연산 6만 톤의 독자적인 전기로 제강 공장을 갖추게 되었어. 이 전기로는 근대문화재로 지정되었어.

동국제강은 **일관 제철소를 건설하려 시도**하지 않았나요?

그렇지 않아도 1964년 동국제강 부산제강소를 방문한 박정희 대통령이 장경호 회장에게 일관 제철소 건설을 제안했다고 해. 하지만 장경호 회장은 대통령의 권유를 정중하게 거절했지. 일관 제철소는 개인이 건설할 수 있는 것이 아니라고 생각했던 거야.

1971년 동국제강은 국내 최초로 후판을 생산했고, 1973년에는 대량 생산 체제로 돌입했어. 그리고 철강 사업을 시작한 지 10여 년 만에 제선에서부터 제강, 압연, 물류 회사에 이르는 독립 제강 공장 체제를 갖추었지. 뿐만 아니라 금융과 자동차, 해운 회사까지 갖춘 동국제강은 1970년대 중반에 재계 3위로 뛰어올라 재벌그룹 대열에 합류했어.

1985년 장경호 회장의 뒤를 이어 장상태 회장이 동국제강 회장으로 취임하면서 포항 시대가 열렸지. 국내 최대 제강 업체로 선구자적 역할을 담당하던 동국제강은 2000년에 장상태 회장이 별세하면서 3세 경영자 장세주 회장의 지휘 아래 현재에 이르고 있어.

일관 제철소를 하라고 해도 거절한 사람들도 있군요. 강원산업의 철강 사업은 어떻게 되었어요?

1960년 강원탄광 설립을 시작으로 출범한 강원산업은 1970년 삼표중공업을 설립하며 철강업에 진출했지. 제3차 경제개발5개년계획을 세울 때 박정희 대통령은 정인욱 회장에게 30만 평의 땅을 줄 테니 15만 톤 규모의 주물용 선철 공장을 지으라고 지시했었어. 그런데 민간 기업이 이 공장을 지으면 생산 제품의 단가가 너무 높아져서 국제 경쟁력을 확보할 수 없다는 결론이 나왔지.

이 내용을 보고하자 당시 경제기획원 장관은 '대통령의 명'이라며 그대로 밀어붙이려고 했어. 정인욱 회장은 대통령을 만나 자신은 주물용 선철 공장을 못 하겠다고 말했지. 대통령의 명을 거스르는 건 곧 회사 문을 닫을 각오를 했다는 뜻이야. 그런데 모든 사람의 걱정과는 달리 박정희 대통령은 정 회장의 말에 선선히 동의하고, 주물용 선철은 포항종합제철에서 생산하라고 지시했어.

강원도 삼척에 철강 단조 제품을 생산하는 주물 공장을 가지고 있던 정인욱 회장은 포항에 철강 공장을 세우면서 본격적인 철강 사업을 시작했어. 1973년 20톤 규모의 전기로 1기를 갖춘 제강 공장과 10만 톤 규모의 압연 공장, 전기로 와 큐폴라 용해로를 갖춘 3만 톤 규모의 주물 공장을 건설하면서 우리나라 철강 산업을 이끌었지. 1970년대 중반 강원산업은 국내 전기로 업체 순위 3위로 뛰어 올랐어. 정인욱 회장의 포항 삼표 철강 공장에서는 철근과 앵글 등 각종 철강 제 품을 생산할 수 있는 잉곳*을 생산했고, 압연 공장에서는 철근을, 주물 공장에서 는 라디에이터와 케이스 같은 고급 주물을 생산했지. 강원산업은 2000년에 현대 그룹으로 인수 합병되었어.

우리나라 제강 회사 창업자들은 대부분 장사에서 시작했네요. 철강 기술자가 만든 철강 회사는 없나요?

우리나라의 최초 철강 기술자 1호는 주창균 씨라고 해. 엔지니어의 꿈을 품고 1940년 일본 유학길에 오른 그는 우베공업전문학교(현 야마구치 대학 공학부) 를 졸업했지. 1942년에는 한국인 최초로 일본제철(현 신일본제철) 야하다 제철 소에 입사해서 철강 기술자로 근무했고, 해방 후에는 평양공업대학 교수와 황해 제철소 기사장(소장)으로 일했어.

주창균 사장은 기술자답게 첨단 설비를 도입하고 철강 기술을 연구하는 데 심혈을 기울였지. 1952년 동양법랑 부산 공장을 인수해서 신생공업사를 설립 하고 1954년 서울 양평동에 냉연강판*인 아연도강 판* 생산 설비를 갖춘 신생 산업을 설립했어.

1960년대 초 우리나라에는 냉연 설비가 없었어. 정책 담당자들이 냉연 설비가 무엇인지도 몰라 우왕

> * **잉곳(ingot)** 금속을 녹여 틀에 넣어 굳힌 것. 주괴 또는 강괴라고도 한다.
>
> * **냉연강판** 열연강판을 산으로 세척한 후 상온에서 압연하여 두께가 고르고 표면이 매끈하며 광택이 나게 만든 고급 강판. 표면 이 아름답고 프레스 가공에도 잘 견디며 길 이가 길어도 가공할 수 있기 때문에 용도가 광범위하다.
>
> * **아연도강판** 표면에 아연을 도금한 얇은 철판으로, 함석이라고도 한다.

좌왕하고 있을 때 주창균 사장은 "냉연강판은 열연강판보다 압연 온도가 낮아 표면에 산화막이 생기지 않고 조직도 훨씬 균일하고 고급스러운 것"이라며 냉연 설비의 도입을 적극 주장했지.

1960년 신생 산업은 영등포에 연산 2만 2,000톤 규모의 강관 공장을 착공하면서 상호를 일신산업으로 바꾸고, 1967년 오류동에 연산 5만 톤의 1냉연공장, 1972년 2냉연공장을 준공하여 연산 45만 톤 규모의 냉연 생산 체제를 구축했어.

이후에도 <u>석도강판</u>* 공장과 강관 공장, 연속아연도금 공장, 컬러강판 공장 등을 준공하며 사업 기반을 확고히 다졌지.

주 사장은 이론과 실기를 겸한 모범적인 경영자라고 할 수 있어. 워낙 숫자에 밝아 사원들로부터 '인간컴퓨터'로 불렸고, 마치 작업반장처럼 작업복 차림으로 공장을 누비며 직원들을 진두지휘하는 걸 좋아했다고 해. 또한 엔지니어답게 기계 제작과 설비, 생산을 직접 관리했어. 기술 개발과 품질 관리, 원가 절감에도 남다른 관심을 기울였지. 1970년대 중반에 이미 생산 관리와 재고 관리 업무의 전산화를 시도했을 정도였다고 하니, 얼마나 꼼꼼하고 확실한 성격인지 짐작이 되지?

1975년 일신산업은 일신제강으로 상호를 바꾸고 기업을 공개하는 등 승승장구했지만 1982년 신군부 집권 2년 만에 불거진 <u>이철희·장영자 어음사기 사건</u>*에 휘말리면서 회사가 흑자 경영을 하고 있었음에도 불구하고 부도를 맞는 비운을 맞이하게 돼. 이 일로 회사는 채권단에게 넘어가고, 주창균 회장은 33

> * **석도강판(Tin plate)** 0.14~0.6mm 두께의 얇은 냉연강판에 주석을 도금한 것을 말한다. 녹이 슬지 않는 내식성이 뛰어나고, 용접성과 도장성이 우수하며, 인체에 무해하여 식품 용기로 널리 사용된다. 주스나 커피, 탄산음료 등의 용기와 통조림 용기, 문구 용품, 건전지, 전자 부품 등의 소재로도 널리 쓰인다.
>
> 우리나라에서는 TCC동양의 전신인 동양석판이 1962년 국내 최초로 석도강판을 생산했다.
>
> * **이철희·장영자 어음사기 사건** 1982년 당시 대통령 전두환의 인척이었던 장영자와 그의 남편 이철희가 일으킨 거액의 어음 사기 사건.
>
> 전두환 대통령의 처삼촌 이규광의 처제였던 장영자는 중앙정보부 차장을 지낸 남편 이철희와 함께 자금난에 시달리는 건설 업체에 접근하여 자금을 빌려 주고 그 담보로 대출금의 2~9배에 달하는 약속어음을 받았다. 그리고 이 약속어음을 할인해 다른 회사에 다시 빌려 주거나, 주식에 투자하는 등의 방법으로 어음을 유통시키며 사기 행각을 벌였다.
>
> 이철희 장영자 사건은 '건국 이래 최대 규모의 금융 사기 사건'으로 불리며 은행장, 기업체 간부 등을 포함해 30여 명이 구속되었다. 이 사건으로 당시 철강 업계 2위의 일신제강과 도급 순위 8위였던 공영토건이 부도를 맞았다.

년간 혼신의 힘을 다해 일해 온 회사를 떠나야 했지. 그후 일신제강은 포항종합제철이 위탁 경영하다가 동부그룹이 인수했어.

수도관 같은 것도 강철로 만든 제품이잖아요?
이런 강철 파이프를 처음 생산한 철강 회사는 어디예요?

강철 파이프를 강관이라고 해. 우리나라 철강 산업의 역사에서 강관업은 기아산업이 선구자라고 할 수 있어. 기아산업은 1944년 우리나라 기계 공업의 선구자로 불리는 김철호 씨가 설립한 경성전기공업에서부터 시작되었어. 1952년 경성전기공업은 우리나라 최초의 국산 자전거인 삼천리호를 생산하면서 상호를 기아산업으로 바꿨지.

기아산업이 강관 생산을 하게 된 것은 강관이 자전거를 만드는 필수 재료이기 때문이야. 강관은 자전거의 차체를 구성하기 때문에 품질 관리가 중요해. 사람과 짐을 싣는 무게를 감당해야 하고, 자전거를 타고 달릴 때 가해지는 저항도 이겨내야 하지. 그래서 기아산업은 강관의 품질과 규격을 철저하게 관리했어.

기아산업은 자전거 국산화에 이어 자동차 국산화에 나섰지. 기아산업은 1962년 일본의 마쓰다자동차와 기술 제휴를 맺고 배기량 365cc의 삼륜화물차 K-360를 처음 만들었는데, 기아산업의 삼륜차는 '용달차', '딸딸이' 등으로 불리며 중소 상인과 사업자들에게 인기가 높았어. 1976년에는 아시아자동차를 인수해서 봉고 신화를 창조했고, 1979년 삼천리자전거공업을 설립해서 자전거 사

• 1980년대에 만든 삼천리 짐자전거

업을 분리했어. 삼천리자전거공업은 2004년 삼천리자전거로 상호를 바꾼 후 지금까지 꾸준히 이어가고 있지. 1990년 기아자동차로 상호를 바꾼 아시아자동차는 1998년 현대자동차가 인수하여 현대그룹의 계열사가 되었어.

강관도 여러 곳에서 **중요하게 쓰이는 철강 제품**이군요. **강관을 전문적으로 생산한 철강 회사**는 어디예요?

1960년 이종덕 씨가 설립한 부산철관공업인데, 기아산업에 이어 우리나라에서 두 번째로 설립한 강관 회사야. 창립 초기부터 강관을 핵심적인 사업 아이템으로 선정했지.

1945년 서울해동공업사를 창립한 이종덕 사장은 6·25전쟁 후 해덕철강상사를 설립해서 철강판매업을 하다가, 1960년에 강관을 전문으로 생산하는 부산철관공업을 세웠어. 창업 이후 국내의 독보적인 강관 업체로 자리 잡은 부산철관공업은 1967년 미국의 선 메탈 사에 울타리용 강관 4만 2,500m를 수출함으로써 국내 강관 제품의 첫 수출 길을 열었지.

부산철관공업은 1969년 주식시장에 기업을 공개하고 국내에서는 처음으로 사원지주제를 도입했어. 창업자 이종덕 사장의 남다른 신념 때문에 가능한 일이었지. 기업이 커지면 더 이상 개인의 소유가 아닌 국민의 기업으로 공유해야 하며, 개인의 자본만으로는 국민 기업을 육성하는 데 한계가 있다고 생각한 거야. 일찍이 생산 현장으로 들어가 온몸으로 보고 배우며 체득한 이 사장의 경영 철학이었던 거지.

강관 수요가 급격하게 늘어나자 부산공장만으로는 더 이상 생산을 감당할 수 없어 1970년에 경영 부실로 휴업 중이던 대한제철을 인수해 서울공장을 착공했지. 공장을 완공하면서 본사도 서울로 이전했어.

서울 시대를 연 부산철관공업은 미국과 중동 시장을 개척하면서 석유파동 위기를 극복했고, 설비 증설을 추진하여 각종 규격의 강관을 종합적으로 생산할 수 있는 체제를 구축했지. 배관용 강관, 전선관, 구조관, 특수관, 각관 등 다양한 종류의 강관을 생산하면서 제2의 도약을 이룰 발판을 마련한 거야.

석유파동에도 흔들리지 않았다니 대단한 것 같아요. 그후로도 부산철관공업은 승승장구했나요?

이종덕 사장은 1974년 회사가 완전히 자리를 잡았다고 판단하고 창업 멤버인 임현제 씨에게 경영권을 넘기고 자신은 회장으로 물러났어. 임현제 사장이 취임한 1975년 부산철관공업은 부산파이프로 사명을 변경했는데, 세계 속의 종합 강관 회사로 도약하겠다는 의지가 담긴 이름이었지.

제1차 석유파동이 지나가자 전 세계에서는 석유 개발 붐이 일어났어. 석유를 개발하는 데 가장 필요한 것은 뭘까? 바로 고품질 강관이야.

부산파이프는 석유 시추에 필요한 API 강관과 각종 고품질 강관의 수요가 크게 늘어날 것을 예감하고, 포항 철강 연관 단지에 부지 21만여m²를 매입해서 연 24만 톤의 생산 능력을 갖춘 포항 공장을 건설했어. 1978년 준공한 포항 공장에는 고품질 강관을 생산할 수 있는 최신식 SRM(Stretch Reducing Mill, 소형열간압연기)을 설치했지. SRM은 용도에 맞게 구경과 두께를 조정하여 빠른 속도로 강관을 만들어 낼 수 있는 기계야.

1979년에는 국내 최초로 케이싱과 튜빙, 일반송유관, 고압송유관 제품에 대해 미국 석유협회가 인증하는 API 모노그램*을 획득했어. 또 자동차 브레이크 튜브와 연료 튜브 같은 가늘고 정밀한 소형 튜브 시장을 제패하고 있는 호주의 번디(Bundy

* **API 모노그램** 1924년 미국석유협회 API(Aremrica Petroleum Institute)가 제정한 유정용 강관의 규격. 이 규격을 획득한 강관을 API 강관이라 한다. 기름이나 가스 등을 발굴하는 데 사용하는 유정용 강관은 높은 강도를 지녀야 한다.
유정용 강관은 케이싱(casing), 튜빙(tubing). 드릴파이프(drill pipe) 3개의 품목으로 나뉜다. API 강관에는 이 밖에도 송유관인 라인파이프(line pipe)와 유정용 강관인 OCTG(Oil Country Tubular Goods) 같은 에너지용 강관이 포함된다.

Tubing) 사와 합작 투자로 부산번디를 설립했지. 그동안 수입에 의존해 온 자동차와 가전제품에 들어가는 필수 강관을 생산할 수 있게 된 거야.

1980년 이종덕 회장의 아들인 이운형 사장이 취임하면서 부산파이프는 1기 창업주 시대를 마감하고, 2기 경영 체제로 들어갔지. 1981년 강관 업계에서는 최초로 1억 달러 수출의 탑을 수상했고, 이운형 사장은 금탑산업훈장을 받았어.

강관의 종류가 이렇게 많은 줄 몰랐어요.
철강재 중에서 품목이 가장 다양한 것 같아요.

강관은 용도와 규격이 다양하지만 규격이 정해져 있기 때문에 이해하기는 그리 어렵지 않아. 강관은 제조 방법에 따라 크게 무계목 강관과 접합 강관으로 나뉘지. 무계목 강관은 빌릿이나 봉강 같은 소재를 가열한 다음, 천공기로 가운데 구멍을 뚫고, 압연기로 모양을 잡은 후, 인발기로 늘어서 적합한 모양과 길이로 만드는 강관이야.

접합 강관은 강판을 원하는 강관 모양으로 만든 후, 양 끝을 접합해서 만들지. 알맞은 폭으로 자른 강판을 가열한 다음 단접기에 넣어 모양을 만든 후 양쪽 끝을 압축해서 붙이는 것을 단접 강관이라 하고, 상온에서 롤 성형기에 넣어 모양을 잡은 후 접합 부분을 용접해서 만드는 것을 용접 강관이라고 해. 용접 강관은 어떤 방법으로 용접하느냐에 따라 종류가 다시 세밀하게 나누어지지.

UOE 강관은 지름 26인치 이상의 커다란 강관인데, 강철 원판을 강력한 U자형 프레스 기계에 넣어 구부린 후, 다시 O형 프레스 기계로 모양을 만들고, 안팎의 이음새를 용접해서 만드는데 석유나 가스와 같은 고압 라인파이프에 주로 사용하고 있어. 스파

● 스파이럴 강관

이럴 강관은 커다란 강관을 나선형으로 감아 원통 모양으로 만든 뒤, 맞닿은 부분을 용접해서 만드는 거야.

이런 방법으로 만든 강관들은 후가공에 따라 매우 다양하게 나뉘게 되지. 강관의 이름 앞부분에는 사용한 특수 소재가, 뒷부분에는 제조 방법이 나타나 있는데, 예를 들면 '탄소합금강 무계목 강관'이라면 '탄소합금강'을 '무계목' 방법으로 만든 강관이라고 이해하면 돼. 그리 어렵지 않지?

어렵기만 했던 강관 이름도
내용을 알고 보니 갑자기 쉬워지네요.

흠, 그렇다면 이제 좀 어려운 이름을 소개해도 되겠네?

제2의 도약기를 맞은 부산파이프는 1983년 포항에 제3공장을 건설했어. 부산파이프 제3공장에서는 강관을 연속으로 일일이 연결하지 않고도 강관을 만들 수 있는 케이지 포밍(Cage Forming) 방식을 채택해서 8~10인치 후육관*을 생산할 수 있게 되었지.

1985년 동력자원부로부터 단열이중관*(Pre-Insulated Pipe) 개발 요청을 받은 부산파이프는 스웨덴의 에코 파이프(Eco Pipe) 사와 기술을 제휴하여 독일, 스위스 등에서 최신 설비를 도입하고 제품을 생산했지. 1988년에는 국내 자동차와 전자 부품, 기계 산업에 필요한 기초 소재를 국산화하고, 고급 선재를 생산할 목적으로 창원특수강을 인수해서 상호를 세아특수강으로 바꿨어.

고급 강관의 수요가 늘어나자 부산파이프는 1989년 서울 공장 안에 연산 1만 톤 규모의 스테인리스 강관 공장을 짓고 배관, 보일러 및 열 교환기용, 기계 구조용, 위생용으로 구분되는 스테인리스 강관을

* **후육관** LNG(액화천연가스) 선박, LNG 기지, 해양 플랜트, 송유관, 유정용 강관 분야에서 주로 사용하는 파이프로, 일반 파이프보다 훨씬 두꺼워서 후육관이라고 부른다.

* **단열이중관** 두 겹으로 된 강관 사이에 경질폴리우레탄폼을 넣어 보온과 보냉 효과를 높인 강관. 지역 난방 공사 등에 쓰인다.

생산하기 시작했어. 그리고 1991년부터는 전국의 가스관 매설 배관 공사에 사용하는 고급 대구경 강관을 생산하기 위해 공장을 건설하고, 지름 22인치 이상인 대구경 특수강관을 생산함으로써 국내 최고의 강관 전문 업체로서 위상을 드높이게 되었지. 1995년에는 국내외 22개 계열사가 부산파이프 그룹으로 출범했어. 이름은 아시아로 뻗어 나간다는 의미의 '세아'로 확정했어.

전기로에는 철강의 기능을 강화하려고 뭔가를 넣는다면서요? 그걸 만드는 회사는 어떤 회사예요?

전문 용어로는 합금철이라고 하지. 합금철은 '페로 알로이(Ferro Alloy)'라고도 하는데 철강을 생산하는 공정에 첨가하여 불순물을 걸러내고, 철강에 필요한 성분을 첨가하는 중요한 역할을 하지. 합금철의 종류는 매우 다양한데, 망간계 합금철은 제강 공정에서 산소와 유황 등의 불순물을 걸러내고, 망간 특유의 성질을 강에 첨가하는 역할을 해. 망간합금철을 이용하면 가볍고 단단하면서도 잘 휘어지는 철강을 만들 수 있어.

우리나라에서 최초로 합금철을 생산한 회사는 삼척산업이야. 1964년 김진만 씨가 창립한 회사인데, 그해 9월부터 페로실리콘을 생산했고, 1967년부터는 페로망간과 실리콘망간을 생산하면서 합금철 종합 회사로 성장했지.

독립 회사로 운영하던 삼척산업은 미륭건설 그룹으로 흡수 편입되면서 본격적으로 전기로 페로망간을 생산하기 시작했는데, 1985년에는 동부산업으로 사명을 바꾸었어. 1994년에는 국내에서는 첫 번째, 세계에서 세 번째로 중저탄소 페로망간 제조 기술을 개발에 성공했지. 2008년에는 그룹에서 독립하여 동부메탈로 사명을 바꾸고, 2009년에는 포스코와 합작 투자로 포스하이메탈을 설립했어. 동부메탈 동해 공장에서는 현재 10기의 전기로와 7기의 정련로에서 연간 50만 톤의 제품을 생산하고 있는데 단일공장으로는 세계 최대의 생산량이라고 해.

포항제철 초대 '기성' 연봉학

• 연봉학

연봉학 씨는 평안남도 성천군 삼흥면 광탄리 대동강변에 자리 잡은 호젓한 두메산골 출신의 가난한 소년이었다. 농사를 지으며 고등학교에 다니던 그는 전쟁이 터지자 유엔군 치안대로 들어갔지만 중간에 소집 해제되면서 거지꼴로 정처 없이 헤매는 신세가 된다. 결국 충청도에서 3년 남짓 농사를 돕는 머슴살이를 하다가 1955년 인천에 있는 대한중공업공사에 잡부로 들어가 처음으로 쇠를 만졌다.

도제식으로 운영되던 당시 선배 기술자들에게 뺨을 맞으며 갖은 구박을 당하면서도 연봉학 씨는 다양한 분야의 설비 건설을 배우고 익히며 재능을 쌓아 나갔다. 그리고 마침내 자신의 재능을 인정한 상사의 부름에 따라 1971년 포항종합제철에 입사하게 되었다.

포항종합제철에 입사한 이후, 그는 마음껏 능력을 발휘했다. 무에서 유를 창조하는 작업, 유에서 더 큰 유를 창조하는 작업이 그에게 주어졌다. '자투리로 남은 파일 잇기'에서부터 '100톤 전로 국산화 프로젝트'에 이르기까지, 이론과 실무를 모두 익힌 진짜 기술자가 아니면 이룰 수 없는 성과를 달성하고야 말았다.

연봉학 씨는 1979년 전로를 자체 제작한 공로로 기성보로 승진했고, 1984년 포항제철 기술자 최고의 영예인 '기성'으로 선정되었다.

옳은 기술자는 어떤 사람인가? 이론과 실무를 겸비해야 한다는 것이 연봉학 씨의 신념이다. 옳은 기술자는 늘 자기 기록을 남기면서 이론적으로도 공부해야 한다고 주장한다. "나를 기성으로 올려 준 것은 나의 작업일지다."라고 연봉학 씨는 힘주어 말했다.

07

철강의 꽃,
스테인리스 강

녹슬지 않는 철강, 스테인리스 강은 '철강의 꽃'으로 불린다. 우리나라 스테인리스 산업은 상공정인 강재 생산보다 하공정인 제조업이 먼저 발달했는데, 그중에서도 특히 양식기 산업은 우리나라의 수출 효자 종목으로 큰 역할을 담당했다. 그러나 공이 크면 눈물도 많은 법, 양식기 산업에 종사하는 사람들의 뭉클한 사연을 들어본다.

스테인리스 프라이팬에서
달걀부침하는 건 너무 어려워

"재철아, 출출하지 않니?"

아빠는 왜 엄마가 안 계신 날이면 배가 자주 고픈 걸까?

"엄마가 밥 해 놓고 가셨어요. 냉장고에 반찬도 잔뜩 있고. 꺼내서 먹기만 하면 된다고 엄마가 그러셨는데. 밥 차릴까요?"

"냉장고에 있는 거 말고, 뭔가 신선한 게 필요해. 불 맛이 살아 있는 금방 한 요리 같은 거. 우리 달걀부침이라도 해 먹을까?"

"그러죠, 뭐."

재철이는 냉장고에서 달걀을 꺼내고 아빠는 프라이팬이 들어 있는 싱크대 아래칸을 여셨다.

"어, 프라이팬들이 왜 이래? 언제 이렇게 누드가 됐어?"

아빠가 프라이팬들을 꺼내며 난감한 표정을 지으셨다.

"아, 아빠 모르셨구나. 엄마가 얼마 전에 코팅 팬이 얼마 쓰지도 않았는데 자꾸 벗겨진다고 화를 내시더니 스테인리스 팬으로 왕창 바꾸셨는데."

"흠, 그래?"

아빠는 고개를 갸웃거리며 가스레인지에 팬을 올리셨다. 아빠가 가스 불을 켜고 기름을 두르자, 재철이는 재빨리 프라이팬에 달걀을 깨어 넣었다. 이제 달걀이 말랑하게 익기만 기다리면 된다. 아빠와 재철이는 반숙을 좋아한다.

"아빠, 달걀 너무 익히지 마세요. 노른자도 터트리시면 안 돼요."

재철이가 주문 사항을 남기고 잠시 자리를 비운 사이 아빠의 절규가 이어졌다.

"어어, 이거 왜 이래? 다 달라붙었어! 달걀이 프라이팬에 코팅됐다고! 이거 어쩔 거야? 팬이 왜 이래?"

하얗게 익은 달걀을 들어내려고 뒤집개를 팬에 넣은 아빠가 안절부절못하셨다. 프라이팬이 하라는 프라이는 안 하고 제 몸에 잔뜩 달걀 코팅만 한 것이다.

"엄마한테 전화해 봐! 이거 어떻게 해야 하나고."

재철이는 신속하게 엄마를 호출했다. 휴대폰으로 소환된 엄마가 재철이의 긴급 보도를 들으시고는 혀를 끌끌 차셨다.

"스테인리스 팬에서 달걀 프라이를 하려면 예열이 필수야. 팬에 기름을 두르고 뜨겁게 달군 다음에 일단 불을 끄고 달걀을 넣어. 그리고 약한 불을 켜서 익히면 돼."

말로 하는 요리는 참 쉽다. 하지만 스테인리스 프라이팬에서 달걀부침을 하는 건 너무 어렵다. 아빠와 재철이는 새로 들어온 스테인리스 프라이팬에 길들여지기 위해서 냉장고 속의 달걀과 싱크대 안의 프라이팬을 모두 불러내야 했다. 그러다 보니 알 수 없는 전투력이 마구 솟구쳐 올랐다.

"아빠, 우리 스테인리스가 뭔지 제대로 한번 연구해 봐요."

"좋은 생각이야. 스테인리스, 기다려! 우리가 반드시 널 정복하고 말 거야!"

커다란 접시에 가득 솟아오른 달걀부침이 아빠와 재철이를 보며 말갛게 웃고 있었다.

스테인리스는 우리 주변에서 정말 **많이 쓰이는 것** 같아요. 활용도가 아주 높은 철강 소재인가 봐요.

평양유경정주영체육관에 대해 들어본 적 있니? 우리나라의 현대아산과 북한의 조선아시아태평양평화위원회 체육 분야의 교류 협력 사업으로 건설한 체육관이지. 이 체육관의 지붕을 포스코에서 만든 스테인리스로 만들었다고 해.

스테인리스 강을 지붕 소재로 쓰는 곳은 점점 늘어나고 있어. 고속철도 광명역사와 군산항 여객터미널, 창원 컨벤션 센터, 영종도 신공항 여객터미널, 대구무역센터, 아셈 컨벤션 센터 등 스테인리스 강 지붕은 우리 주변에도 많이 있지.

어디 그뿐인가. 고층 빌딩의 외벽재로도 스테인리스 강을 쓰고 있어. 서울 역삼동에 있는 동부증권 사옥이나 판문점에 있는 자유의 집에도 스테인리스 강 외벽재를 썼지.

이처럼 스테인리스는 주변에서 가장 많이 사용하고 있는 철강 소재라 할 수 있어. 우리 집만 봐도 스테인리스 강 제품이 아주 많잖아. 숟가락에서부터 각종 조리 기구, 싱크대, 가전제품에 이르기까지 수많은 기물에서 스테인리스 강을 발견할 수 있어.

밖도 온통 스테인리스 세상이야. 버스 정류장, 전화 박스, 쓰레기통, 엘리베이터와 에스컬레이터, 지하철 등 세상 곳곳에서 반짝반짝 빛나고 있고 있지.

● 스테인리스 제품을 많이 사용하는 주방

스테인리스는 공장이나 발전소, 해양 플랜트 등에서도 없어서는 안 될 소재야. 또 식품이나 제약의 제조 설비, 식수와 폐수 처리 시설, 화학과 석유화학 시설, 자동차와 비행기의 엔진 부품, 연료와 화학물질 저장탱크에 이르기까지 안 쓰이는 곳이 없어.

스테인리스를 이렇게 많이 쓰는 이유는 뭐예요?

가장 큰 이유는 산소와 결합하면 녹이 슬어 부서지는 철의 최대 단점을 극복했다는 거지. 스테인리스의 정확한 명칭은 '스테인리스스틸(STS. stainless steel)'인데, 우리나라 철강 업계에서는 보통 '스테인리스 강'이라 불러. 스테인리스 강은 수많은 철강재 중에서 가장 깨끗하고 아름다운 소재이기 때문에 '철강의 꽃'이라 불리기도 해. 거의 녹슬지 않고, 닳지도 않고, 얇게 펴지거나 가늘게 늘어나는 등 기계 가공성이 좋기 때문에 많은 제품의 소재가 되고 있어.

스테인리스는 철강재 표면에 녹을 방지하는 특수 성분을 코팅해서 만드는 것이 아니라, 제강 과정에서 녹이 잘 슬지 않는 성분을 철강 용탕에 첨가하여 만드는 거야. 스테인리스 강의 기본은 탄소강에 니켈과 크롬을 첨가하는 것인데, 탄소강은 공기나 습기에 노출되면 녹이 슬고 부스러지는 '부식' 현상이 발생하지. 그래서 탄소강에 크롬을 첨가해 부식에 대한 저항성을 길러 주는 거야.

철의 부식을 억제하는 성질을 '내식성'이라고 해. 스테인리스 제강 과정에서 첨가하는 크롬은 철의 내식성을 좋게 하는 성분이며, 니켈은 가공성과 인성을 좋게 하면서 내식성도 좋도록 철의 구조를 바꿔 녹이 잘 슬지 않으면서도 강한 스테인리스 강을 만들지.

스테인리스는 왜 녹이 잘 슬지 않을까? ▼

스테인리스 강 표면에는 크롬 산화물로 이루어진 비정질의 아주 얇고 정밀한 보호막이 형성되어 철이 녹스는 것을 막아 준다. 부동태 피막이라고 불리는 이 특성 때문에 스테인리스는 각종 주방 용기와 산업 전반에서 아주 유용한 소재로 사용하는데, 그렇다고 스테인리스가 전혀 녹이 슬지 않는 것은 아니다. 스테인리스를 부식시키는 염소 이온이나 불소 이온과 만나면 부동태 피막이 손상되면서 녹이 슬 수도 있다. 스테인리스 제품을 사용할 때는 염소 성분이 있는 소금을 주의할 필요가 있다. 소금에 들어 있는 염소 성분이 스테인리스를 부식시키기 때문이다. 음식의 간을 맞추는 정도의 소금기는 전혀 상관이 없지만, 스테인리스 용기에 진한 소금물을 끓여야 할 때는 소금을 물에 완전히 녹인 후 사용하고, 특히 녹지 않은 소금 알갱이가 바닥에 가라앉은 상태로 끓이는 것은 삼가야 한다. 소금기가 강한 물김치는 스테인리스 용기에 보관하지 않는 것이 좋다.

스테인리스 강의 기술 개발은 크게 두 가지 분야에 의해 좌우된다고 말할 수 있어. 첫째는 다양한 열처리 가공 기술이고, 둘째는 합금 기술이야. 크롬, 니켈, 탄소, 질소, 몰리브덴, 망간, 티타늄, 알루미늄, 구리 등의 첨가 물질 중 어떤 물질을 얼마만큼의 비율로 철강에 섞느냐에 따라 서로 다른 특성을 지닌 스테인리스 강이 태어나는 거지.

녹이 슬지 않아 좋지만 **만들기는 까다로울 것** 같아요. 우리나라는 언제부터 스테인리스를 생산했어요?

• 스테인리스 의료 기기

우리나라에서 스테인리스를 본격적으로 쓰기 시작한 것은 1960년대 후반이야. 녹이 슬지 않고 닳지 않기 때문에 기간산업의 기초 원자재로 쓰기 시작했지. 또 세척성이 우수하고 열을 지니고 있는 속성도 높아 의료 기기나 취사용구, 욕조 등으로도 유용하게 쓰였어.

미국이 1920년대부터, 일본은 1940년대부터 스테인리스를 사용한 데 비해서, 우리나라는 6·25전쟁 때 군 장비의 일부로 스테인리스가 처음 들어왔지. 이 장비들이 낡으면 미군에서는 시중에 고철로 불하했는데, 여기서 나온 스테인리스 스크랩을 녹여 재생품을 만들었어.

우리나라 철강 산업 역사에 처음 등장한 스테인리스강 회사는 1966년 김두식 씨가 설립한 삼양특수강이야. 1971년 3월 울산시 여천동 일대 2만 5,000여 평에 연산 2만 4,000톤 규모의 냉간압연기를 착공해서 1972년 8월부터 국내에서 최초로 스테인리스 강판을 생산하기 시작했지.

스테인리스에 있어 삼양특수강은 선구자라고 할 수 있어. 스테인리스 강판을 생산한 이후 스테인리스 선재 생산 기술을 개발했고, 강관과 강봉 생산까지 꾸준히 이어 나갔으니까.

삼양특수강은 1975년 한국특수강을 흡수 합병해서 한국종합특수강으로 사명을 변경하고 창원기계공업단지에 종합특수강 공장을 건설하면서 우리나라의 특수강 산업을 이끌었어. 1982년에는 삼미종합특수강으로 사명을 변경하면서 제강 연속 주조 공장과 형강 제조 주조 공장을 건설하고 종합 특수강 회사로 발전했지만 1990년대 들어 사업이 기울면서 규모를 축소했지.

1997년 강봉과 강관 사업 분야를 포항종합제철 계열사인 창원특수강에 매각하면서 회사를 살리기 위해 노력했지만 1997년 끝내 부도를 내고 말았어. 삼미특수강은 2000년 인천제철에 인수되어 현대자동차그룹에 편입되었다가 2002년 비앤지스틸로 사명을 변경하고, 2011년에 다시 현대비앤지스틸로 사명을 바꿔 오늘에 이르고 있어.

스테인리스는 철에 크롬과 니켈을 첨가해서 강해진 거잖아요. 우리나라에서도 크롬과 니켈을 생산하나요?

우리나라에 첫 니켈 공장을 건설한 것은 1988년이야. 우리나라의 고려아연과 캐나다의 니켈 생산 업체인 잉코 사가 합작 투자해서 1987년 코리아니켈을 설립했고, 코리아니켈은 1988년 온산공업단지에 연산 1만 5,000톤 규모의 니켈공장을 착공했지. 그리고 1989년 유틸리티 니켈 생산 능력 연산 1만 6,500톤 급의 전기로를 준공했어. 유틸리티 니켈은 스테인리스와 같은 특수강을 만들 때 사용하는 니켈 가공품이야.

코리아니켈은 포항종합 제철소 때문에 설립했다고 할 수 있어. 포항제철소 스테인리스 핫코일 공장을 가동하기 시작한 1988년을 기준으로 연간 니켈 수요량이 2만 톤으로 증가했기 때문에 수입보다는 공장을 짓고 직접 가공하는 게 더 경제적이라는 결론이 나온 거지.

내가 녹이 슬지 않고 잘 닳지 않는 이유는 철에 크롬과 니켈을 첨가하여 만들었기 때문이지!

1999년 코리아니켈은 연산 3만 2,000톤의 전기로를 추가로 건설하여 유틸리티 니켈과 도금용 니켈, 합금용 니켈을 생산하고 있어.

스테인리스에 들어가는 크롬은 철과 결합되는 크롬이라는 의미에서 페로크롬이라고 해. 우리나라에서는 크롬이 전혀 생산되지 않기 때문에 페로크롬 역시 전량 수입에 의존하다가, 1977년 한국합금철이 자체 기술로 페로크롬 생산 기술을 개발하면서 국내에서 가공할 수 있게 되었어. 페로크롬을 국내에서 가공하기 시작되면서 연간 200만 달러 이상의 외화를 절약하는 효과가 발생했지.

스테인리스 강을 만들려면 여러 가지 기술과 원료가 필요하네요. 우리나라 스테인리스 산업은 강재 생산보다 제조업이 먼저인가요?

맞아. 우리나라의 스테인리스 산업은 강재 산업보다 완성품 제조업이 먼저 발달했어. 그중에서도 특히 스테인리스 강을 소재로 하는 양식기 공업 분야가 크게 발달했지.

양식기는 해방 후 미군이 들어오면서부터 알려져서 1960년대에 중요한 수출 산업으로 자리 잡았어. 국내 최초로 양식기를 제조해서 수출한 기업은 경동산업인데, 우리에게는 '키친아트'라는 수출용 이름이 더 익숙하지. 왜 그럴까? 정혁준 씨가 쓴 《키친아트 이야기》라는 책에 그 사연이 자세히 소개되어 있어.

초창기 양식기 공장에서는 직원들이 산업 재해를 자주 당하곤 했어. 스테인리스를 자르고 연마하는 위험 천만한 기계에 안전장치가 전혀 없었을 뿐 아니라, 밀려드는 수출 물량을 맞추느라 밤샘작업을 하기 일쑤였지. 경동산업은 한창 때

직원 수 7,000여 명, 연매출액이 1,000억 원에 이르는 잘나가는 회사였지만 번드르르한 기업주나 임원들 뒤에는 열악한 환경에서 치욕적인 대우를 받으며 밤낮으로 일에 내몰려야 하는 직원들이 있었지.

양식기 사업에서 주체할 수 없을 정도로 돈을 번 경동산업 사장은 여기저기 문어발식 투자를 남발했어. 하지만 중국산 저가 제품이 유입되면서 양식기 산업과 같은 노동 집약적 산업들이 영향을 받기 시작했고 경동산업도 치명타를 맞았지. 1992년 말부터 자금난으로 임금을 체불하고 노사 분규에 시달리던 경동산업은 1993년 부도를 내고 법정 관리에 들어갔다가 2000년 4월 퇴출 명령을 받았어. 밀린 임금과 퇴직금을 요구하며 농성을 벌이던 직원들은 회사를 살려야겠다고 생각했지. 자신들이 피땀 흘려 일군 키친아트를 살려내자고 다짐한 거야.

마지막까지 공장을 지켰던 직원 288명은 체불 임금과 퇴직금 대신 키친아트라는 브랜드를 넘겨받고, 그 이름으로 회사를 설립했어. 키친아트는 임직원과 주주가 똑같이 지분을 나눠 갖는 직원 소유 회사야. 모두가 회사의 주인이 되어 힘차게 달린 결과 IMF도 거뜬히 이겨내고 연매출 700억 원에 이르는 경영의 예술을 이뤄내며 오늘에 이르고 있어.

'수출 효자 종목'이었던 양식기 산업

1960~1980년대 우리나라를 대표하는 수출 품목 산업은 양식기였다. 양식기는 포크, 나이프, 스푼, 국자 같은 플랫웨어를 중심으로 한 1종과 냄비, 주전자 같은 주방 기물을 중심으로 하는 2종으로 나뉜다. 작고 만들기 쉬운 1종 양식기는 대량 생산이 가능했다.

양식기 수출을 처음 성사시킨 사람은 경동산업의 최경환 사장으로, 1964년 캐나다로 나이프와 포크 등을 수출한 것을 시작으로 20여 년 만에 연간 수출 실적 2억 5,000만 달러를 달성했다. 경동산업 외 1종 양식기 수출의 대표 주자로는 대림통상, 경동산업, 세신실업, 동양물산기업, 삼면스텐, 대성공업, 태양사 등이 있었다. 반면 다품종 소량 생산을 해야 하는 2종 양식기의 수출은 1974년부터 시작되었다.

당시 양식기 업계의 리더로는 경동산업의 최경환 사장과 한일스텐레스공업의 한현수 사장을 꼽을 수 있으며, 그 밖에 대림통상의 이재우 사장, 세신실업의 노성권 사장, 동양물산기업의 안병휘 사장 등 5명이 양식기 산업의 원로로 손꼽히고 있다.

스테인리스스틸의 발명

12살 때부터 철강 공장에서 일한 해리 브리얼리(Harry Brearley)는 20세 때 영국 셰필드에 있는 제강 회사 연구소의 보조 연구원이 되었다.

1912년 점심 식사 후 공장 주변을 산책하던 브리얼리는 버려진 철 스크랩 더미에서 반짝이는 쇳조각 하나를 발견했는데, 이것이 바로 스테인리스스틸의 원조가 된다.

얼마 전 그는 대포 포신으로 쓸 철강 재료를 개발하기 위해서 재료 실험을 했지만 실패했다고 생각했다. 그래서 실험에서 사용한 재료들을 스크랩으로 분류하여 폐기 처분한 것들이 그곳에 쌓여 있었던 것이다.

재료 실험을 한 지도 오래되었고, 비도 여러 번 내렸기 때문에 버려진 철 스크랩은 대부분 녹슬어 있었지만, 그 조각만큼은 전혀 녹슬지 않고 오히려 반짝반짝 빛나고 있었다.

브리얼리는 그 조각을 실험실로 가져가서 성분 분석을 했다. 쇳조각을 녹여 강철의 성분을 조사했더니 크롬과 철의 합금이라는 결과가 나왔다. 그래서 이번에는 거꾸로 두 금속의 비율을 똑같이 맞춰 새로운 합금을 만들어 보았다.

새로 만든 합금을 공기 중에 오래 두기도 하고 물에 담그기도 하는 등 여러 가지 실험을 했지만, 전혀 녹슬지 않았다.

심지어는 산성이 강한 과일즙을 문질러도 금속 얼룩이 전혀 생기지 않았다. 그제야 브리얼리는 자신이 새로운 합금을 발명했다는 사실을 깨달았다.

녹슬지 않는 금속, 스테인리스스틸은 눈 밝은 철강 기술자가 발견하면서 태어나게 된 것이다.

• 녹슬지 않는 합금, 스테인리스스틸

08

얇고 부드럽게,
그러나 강하게!

자동차가 진화하고 있다! 예전에는 크고 점잖은 차일수록 대접을 받았지만 요즘은 날렵하고 가벼운 차일수록 인기가 높다. 하지만 그것만으로는 부족하다. 강해야만 살아남을 수 있다! 환경과 문화를 선도하는 특수강의 세계가 현대 자동차 기술의 견인차 역할을 담당한다. 상상을 초월하는 특수강의 세계, 그 속으로 빠져 들어가 보자.

초고강도 경량 합금으로 만든
자동차라서 가볍다고요?

"재철아, 아빠랑 놀러 갈래?"

"어딜요? 설마 등산 가자는 건 아니죠?"

재철이가 조심스럽게 묻고 있는데, 어느새 엄마가 곁으로 날아와 계셨다.

"나도 가요! 그렇지 않아도 몸이 찌뿌둥했는데, 잘됐네!"

아빠는 미안한 표정으로 엄마의 기대를 단숨에 꺾어 놓으셨다.

"미안! 자동차 박람회 가려고 하는데. 당신도 같이 갈래?"

아빠는 자동차 마니아다. 물론 생각과 눈으로만.

"당신 요즘 허구한 날 우리 차 구박하면서 자동차 사이트를 들락거리더니 혹시 나 몰래 무슨 사고 치려는 것 아니에요? 차 사자고 조르기만 해 봐요! 그럼 나는 집을 팔아 버릴 테니까!"

엄마가 거역할 수 없는 쐐기를 박고 떠나셨다. 속으로 꿀꺽 삼키는 아빠의 깊은 한숨을 외면할 수 없는 재철이는 아빠의 희망이 되어야 한다.

"가요, 자동차 박람회! 인터넷에서 아빠가 자동차 구경하는 거나, 엄마가 전원 주택 구경하는 거나 내가 보기엔 똑같은데 뭘!"

그러나 자동차 박람회는 재철이의 상상과 달랐다. 고요하고 드넓은 공간에 멋진 차들이 호젓하게 놓여 각양각색의 자태를 뽐내는 사색의 공간일 것이라는 재철이의 상상은 대체 어디서 나온 것일까?

박람회장은 말 그대로 인산인해였다. 스테이지를 둘러싼 사람에 가려 정작 차는 잘 보이지도 않았다. 아빠는 재철이를 백허그한 자세로 조금씩 스테이지 쪽으로 밀어붙이셨다.

"죄송합니다, 저희도 볼 수 있게 양보 좀 해 주세요!"

사람들이 조금씩 양보해 준 덕분에 아빠와 재철이는 단번에 스테이지 앞으로 전진 배치되었다. 눈앞에는 날렵하고 탄탄한 최신형 승용차가 금방이라도 튀어나갈 것 같은 모습으로 놓여 있었다.

"안녕하십니까! 본 모델은 첨단 항공 우주 기술에서 비롯된 초고강도 경량 합금 보디를 장착하여 강하고 견고하며, 더욱 빠른 가속과 정교한 핸들링, 짧아진 제동 거리, 그리고 향상된 연비를 제공하는 최첨단 자동차 기술을 적용한 차량입니다!"

레이싱걸 누나가 아빠와 눈을 맞추며 상냥하게 설명을 시작했다. 아빠는 황홀한 표정으로 자동차를 바라보셨지만, 재철이는 자신의 귀를 의심하지 않을 수 없었다.

"초고강도인데 가볍다고요?"

재철이의 말에 아빠가 옆구리를 쿡 찌르며 흥분을 자제하라는 신호를 보내셨다.

"현대 자동차의 유행은 유연하게 흐르는 곡선과 천사의 날개옷처럼 가벼운 보디야. 저것 좀 봐라, 멋지지 않니? 자동차가 아니라 예술이야, 예술!"

예전엔 크고 점잖은 느낌의 차가 인기였잖아요? 그런데 왜 요즘 최신형 차는 디자인이 날렵하고 둥근 거죠?

거기엔 두 가지 이유가 있어. 예전에는 얇고 부드러운 느낌의 차를 만들고 싶어도 소재가 없어서 못 만들었던 것이 첫 번째고, 현대의 생활 환경이 얇고 부드러운 차를 선호할 수밖에 없도록 만드는 것이 또 다른 이유야.

옛날에는 철강 기술이 지금보다 훨씬 제한적이었기 때문에 자동차용 소재의 개발도 제한적일 수밖에 없었어. 가공성도, 유연성도, 강도도 철강재가 보유하고 있는 범위 내에서만 활용할 수 있었지.

물론 네 말처럼 기술의 발달이 흡수해 버리는 소재 고유의 분위기도 분명히 존재하지. 투박하지만 정감 있는 주물 제품을 날렵하고 깔끔한 스테인리스로 교체한다면 거기에서 오는 분위기나 느낌은 분명 달라질 테니까.

기술의 진화는 환경에 대한 적응이라고 아빠는 생각해. 예전에는 도로도 지금보다 덜 복잡했고, 사람들의 생활도 훨씬 더 여유로웠지. 그래서 육중하게, 천천히, 품위를 지키며 자동차를 몰아도 불편할 것이 없었어.

하지만 지금은 환경이 달라졌잖아? 복잡하고 빠르게 돌아가는 세상에서 무겁고 육중하고 각이 선 디자인은 어딘가 답답하고 불편한 느낌을 주지.

거기에 현실적인 문제도 있어. 무겁고 육중한 철판은 차의 중량을 높이기 때문에 상대적으로 기름을 많이 소모하게 돼. 요즘 같은 고유가 시대에는 상당한

●과거에 비해 훨씬 얇고 가벼워진 자동차 보디

부담 요인이지. 더욱이 주차난도 생각하지 않을 수 없어. 크고 무거운 차는 주차 빌딩에서도 환영받지 못해.

이래저래 덩치 큰 차는 상대적으로 기피 요인이 될 수밖에. 그래서 얇고 부드럽게, 그러나 강하게! 이것이 현대가 요구하는 자동차의 조건이 된 거지.

자동차의 진화에 그런 의미가 있군요. 그럼 자동차를 만드는 소재의 진화에도 어떤 조건이 있어요?

자동차를 만드는 철강은 소재가 가볍고 내식성이 강해야 하며 차체의 모양을 따라 가공하기 쉽도록 유연하게 늘어나는 성질을 갖춰야 해. 이런 특성을 지닌 철강을 특수강이라고 하지.

특수강은 일반탄소강에 1종 이상의 합금 원소를 첨가해서 특수한 성질을 부여하거나 특수한 제강 방법으로 불순물을 최대한 억제하는 강을 말해. 또 적합한 열처리를 통해 특수한 성능을 발휘하게 되는 강이나 품질적으로 균일*하고 재현성*이 보증되는 강도 특수강 범주에 들어가지. 대표적인 특수강으로는 공구강*, 내열강*, 스테인리스 강 등이 있어.

특수강은 현대 철강 산업의 핵심이지. 철기 시대가 지속되면서 현대 문명은 특수강의 진화를 따라 흘러가고 있다고 해도 과언이 아니야. 특수강은 각종 장비의 성능과 수명을 담당하는 부품에 주로 사용하는 만큼 수요 업체들의 품질 요구가 까다로울 뿐 아니라, 선진국에서 개발한 신제품이 우월적 지위를 뽐내며 침입해 들어올 수 있는 분야로 손꼽히지.

> * **제품의 품질성과 재현성** 공장에서는 생산 제품을 일정한 단위로 갈무리하여 관리한다. 철근 10개를 한 단위로 정하든가, 못 100개를 한 단위로 정할 수 있다.
> 이와 같은 제품의 생산 단위를 로트(lot)라고 하는데, 하나의 로트를 구성하는 제품들은 품질의 차이가 적을수록 좋다. 즉 철근 10개의 상태가 동일할수록 좋고, 못 100개의 상태가 같을수록 좋은 것이다.
> 제품의 품질성이란 로트 안에 구성된 각각의 제품들이 품질 차이 없이 균일한 정도를 나타내는 것이고, 제품의 재현성은 로트와 로트 간의 차이가 적을수록 좋은 것이 된다.
> * **공구강(tool steel)** 금속을 가공하는 공구를 제작하는 데 사용하는 철강
> * **내열강(heat resisting steel)** 고온이나 화학 작용에 잘 견디는 철강. 고온 열기관이나 고온 화학 공업 기기, 원자로 부품 등에 사용한다.

우리나라의 **특수강** 사업은
어떻게 발전했어요?

우리나라에서 최초로 스테인리스 강판을 만든 삼양특수강이 성장해서 특수
강 산업을 이끌었어. 제품 생산 영역이 확장됨에 따라 회사 이름도 삼미특수강,
삼미종합특수강 등으로 바뀌었지.

삼미종합특수강은 국제 규모의 특수강 회사였어. 드넓은 창원 공장에는 제강
공장, 열간압연 공장, 단조 공장, 가공 공장, 스테인리스 냉간압연 공장, 무계목
압출 공장 등이 빼곡하게 들어차 있었지. 생산 강종도 300여 종에 달해서 수입
대체 효과로 특수강의 자립도를 높였고, 수출 품목도 다양하게 늘어났어.

1980년대 중반 삼미특수강에서 생산하는 제품은 표면 처리, 열처리 방식에 따
라 규격별 생산 품목이 5,000여 종에 이르기도 했지. 이와 같은 생산 기반을 다
지기 위해 삼미종합특수강은 어려운 경영 환경 속에서도 1983년까지 150억 원
을 기술 개발에 썼고, 1983년에도 약 50억 원을 추가로 투입했어.

특수강은 철강 선진국들이 가장 기술 이전을 꺼리는 분야야. 그렇기 때문에

우리나라 특수강 회사들은 자체 기술 개발을 서둘러야 했지. 그리고 원자재 조달에도 신경을 써야 해. 필요한 원료의 대부분이 전략물자로 지정되어 수출하는 데 규제를 받거든.

우리나라는 텅스텐을 제외하면 합금철로 쓰이는 니켈, 몰리브덴, 크롬, 바나듐, 코발트 등의 물질을 전량 수입에 의존하고 있고, 거기에 전기로 제강의 원료가 되는 철 스크랩까지도 미국과 호주로부터 수입해야 했지. 또, 생산 제품의 판로 개척도 심혈을 기울여야 했어.

기술 판매의 관점에서 말하자면, 특수강이 하공정이고 완제품 산업이 상공정이 되는 역행 현상이 나타나게 돼. 완제품 산업에서 필요한 제품을 특수강 산업에서 생산하는 것이 아니라, 특수강 산업에서 생산한 최첨단 강재를 이용할 완제품 산업을 개척해야 하는 상황이 되니까.

특히 특수강은 다양한 품종을 소량으로 주문받아 판매하기 때문에 제조 원가 책정도 어려워 제품 생산만으로도 버거운데, 여기서 발생하는 재고관리도 해야 하니 골치 아프지.

이런 악조건 속에서도 삼미종합특수강은 우리나라의 특수강 산업을 선진국 수준으로 끌어올리는 데 큰 역할을 했어. 삼미종합특수강 덕분에 자동차 공업에 필요한 특수강 소재를 약 90% 자급할 수 있게 되었고, 농기구용 특수강은 전량 국산화하는 데 성공했지. 건설 중장비용은 90%, 선박 조선용은 약 80%, 석유 화학용은 90% 이상, 방산 소재를 대부분 공급할 수 있게 되었어.

하지만 삼미종합특수강은 1990년대에 들어서면서 경기 침체와 기술 투자에 대한 부담으로 심각한 위기를 맞으면서 1997년 2월에 강봉과 강관 부분을 포스코에 팔았지. 포스코에서는 이 부분을 인수받아 창원특수강을 설립했고, 2007년 창립 10주년을 맞아 포스코특수강으로 사명을 변경했어.

포스코에 사업의 일부를 팔고 이름을 다시 삼미특수강으로 바꾸며 재기를 꿈꿨던 이 회사는 2000년 현대그룹으로 인수 합병되었어.

철강 회사를 경영하는 건 참 어려운 일이네요.
대표적인 특수강 제품에는 어떤 것들이 있어요?

특수강은 종류가 아주 많아. 우리 주변에서 실제로 사용하고 있는 예와 함께 설명하면 더 쉽게 이해할 수 있겠지?

AHSS강(Advanced High Strength Steel, 초고장력강판)

세계 자동차 회사들이 적극 추진하고 있는 자동차 경량화에 반드시 필요한 강판이야. AHSS강은 기존에 사용하던 HSS강(고장력강판)을 업그레이드한 버전으로 보다 얇고 가벼우면서도 강도가 높아. AHSS강은 우리나라에서 포스코와 현대하이스코만 생산하고 있어.

• 포스코가 세계 최초로 개발한 AHSS강을 사용한 현대자동차의 SUV 자동차 산타페

럭스틸(LUXTEEL)

럭스틸은 유니온스틸이 만든 프리미엄 컬러 강판이야. 컬러감과 아름다운 디자인을 무기로 내세운 고품격 건축 내·외장재용 강판인데, 독특한 느낌의 건축

• 럭스틸0694 제품을 적용한 페럼타워 내부

물을 짓고 싶어 하는 디자이너들에게 인기가 있다고 해. 친환경 피막층을 처리해서 소재의 내식성과 부착성을 향상시켰고, 외부 오염과 스크래치를 방지하는 보호 필름을 선택사양으로 제공하기 때문에 용도에 따라 다양하게 사용할 수 있는 기능성을 갖췄지.

TMCP(Thermo Mechnical Controlled Process)강

차세대 철강재로 주목받고 있는 TMCP강은 열가공 제어 방법을 통해서 만드는 강재인데, 국내에서는 포스코, 동국제강, 현대제철 등 후판 3사가 생산하고 있어. 제조 과정이 까다로워서 해외에서도 소수의 선진 고로사들만 생산하고 있지.

조선용 TMCP 후판은 일반적인 후판보다 20%가량 비싼 고부가 가치 철강재로, 소재를 압연하면서 동시에 열처리를 통해 강도를 높였고, 정밀한 제어 압연과 열처리 기술로 만들기 때문에 원가 절감을 할 수 있어 수익성이 좋은 제품이야. 최근에는 고층 건물의 대형화 추세에 따라 철강 제품도 지진에 견딜 수 있는 내진성과 고강도를 요구받기 때문에 TMCP 건축 구조용 후판의 사용도 늘어나고 있지.

● 포스코 TMCP강을 적용한 한국국제전시장

내열강

말 그대로 '열에 견디는 철'로, 350℃ 이상의 고온에서도 안정적으로 기계적 성질을 유지하고, 산화 등의 화학 작용에 잘 견디는 강철을 말해.

내열강은 보일러부터 시작해 제트 엔진에 이르기까지 다양한 곳에서 사용하는데, 전기장판, 헤어드라이어, 히터 같은 전열기에 들어가는 니크롬선처럼 직접 발열하는 부품이나, 보일러처럼 고온 · 고압 물질을 다루는 각종 설비 장치용 소재에 쓰이고 있어.

또 자동차나 선박, 항공기 등 엔진 내

● 헤어드라이어에 들어가는 내열강 니크롬선

부의 뜨거운 열을 이겨내기 위한 밸브용 소재는 물론 가스 터빈, 제트 엔진과 같이 가동 시 고열이 발생하는 장치의 소재로도 사용하고 있지.

고급 내열강이나 내열 합금 분야는 부가 가치가 매우 높아서 많은 철강사가 기술 개발을 위해 심혈을 기울이고 있는 분야야.

유정용 강관

유정용 강관은 원유나 천연가스의 채취, 가스정의 굴착 등에 사용하는 고강도 강관을 말하는데 케이싱(casing), 튜빙(tubing), 드릴파이프(drill pipe) 3개 품목으로 나뉘어 있어.

드릴 파이프는 굴착 설비 아래쪽 끝에 붙어 있는 드릴에 연결해 지상으로부터의 회전 운동을 전달하고, 드릴 냉각용 흙물을 주입하는 역할을 하는 강관이야. 케이싱은 기름이나 가스를 채굴하기 위해 파 놓은 우물벽의 붕괴를 방지하고 물이나 토사 같은 이물질의 침입을 막기 위해 쓰는 강관이지. 반면 튜빙은 지하에서 산출한 기름이나 가스를 지상으로 운반하는 데 쓰이는 강관이야.

유정용 강관은 미국석유협회(American Petroleum Institute)가 1924년 제정한 API 규격을 획득해야 하는데, API 규격을 획득한 강관을 API 강관이라고 하지.

•석유 및 가스 수송용 강관

우리나라의 유정용 강관 제조 업체는 세아제강, 현대하이스코, 휴스틸, 아주베스틸, 대우인터내셔널, 동부제철, 일진철강, 금강공업, 넥스틸, 넥스틸 QNT 등이 있어.

린 듀플렉스 스테인리스 강(Lean Duplex Stainless Steel)

고가의 합금 원소인 니켈이나 몰리브덴을 적게 함유해 원가를 낮춘 제품으로, 강도는 높으면서도 적정한 내식성을 가진 강을 말해. 듀플렉스 스테인리스 강은 린(Lean), 스탠더드(Standard), 슈퍼(Super)로 구분하는데, '린 듀플렉스 스테인리스 강'은 니켈과 크롬, 몰리브덴의 함유량은 감소시키는 대신 망간과 질소의 함유량을 높여 만든 철강 제품이야.

린 듀플렉스 스테인리스 강은 주로 상수도나 물탱크, 담수화 설비, 해양 플랜트, 오일샌드 분야에서 많이 사용하고 있어.

• 포스코가 생산한 329LD 제품을 사용한 원진컬러물탱크

클래드 강판(Clad Steel)

클래드란 모재 금속판재 표면에 다른 금속 판재를 금속학적으로 붙이는 접합기술을 말해. 흔히 엄마들이 3중바닥 냄비, 통5중 프라이팬, 이런 말 많이 하지? 그게 바로 클래드 강판을 가리키는 말이야.

• 통3중 클래드 강판으로 만든 구이용 철판

클래드 강판은 여러 겹의 금속판을 접합해서 만들기 때문에 접합강판이라고도 하는데 서로 다른 성질의 금속을 압착함으로써 각각의 재료가 가진 장점만을 극대화하는 기술로, 다른 금속의 얇은 판을 표면에 포개어 함께 압연한 후 표면에 다른 금속을 맞붙이는 것을 말해.

클래드 강판은 접합하는 금속의 종류에 따라 주방 용품과 전자 제품, 자동차 부품, 건축 용품, 발전 용품 등 아주 다양한 용도로 쓰이고 있어. 다양한 신소재 개발이 가능하기 때문에 향후 무궁한 발전 가능성이 있는 분야이기도 하지. 우리나라의 클래드 제조 업체로는 한국클래드텍, 한화, 해원MSC, (주)클래드 등이 있어.

전기강판

전기강판은 세계적으로도 일부 대형 철강 사만 생산하고 있는 제품이야. 미래의 최첨단 철강 소재로 각광받고 있지. 주로 모터나 변압 기 같은 전기 기기의 모터에 철심이 되는 제 품으로, 효율을 높여 주는 역할을 하지.

친환경 시대와 맞물리면서 전기강판의 수 요는 점점 더 늘어나고 있어. 특히 자동차 업

• 전기강판을 사용하는 자동차 교류 발전기

계에서는 친환경 자동차의 급부상으로 에너지 효율을 향상시킬 수 있는 전기강 판에 대한 요구가 계속 높아지고 있지. 현재 전기강판은 우리나라에서 유일하게 포스코가 생산하고 있어.

내후성강

일반적으로 철강재가 비바람에 노출되면 부식이 일어나 붉은 녹이 슬게 되지. 그런데 소량의 인, 동, 크롬, 니켈 같은 물질을 첨가하면 표면에 아주 치밀한 녹 층이 형성되면서 물과 산소의 투과를 억제하는 내후성을 띠게 돼. 그렇게 되면 표면에 생긴 녹이 강판을 보호하면서 더 이상의 부식을 억제하지.

내후성 강판은 가림벽이나 외벽 패널, 지붕재와 같은 건축용 외장재는 물론이

고 가로등, 난간, 조명탑, 게시판 등 의 구조재와 조형물, 기념물 등에도 사용하는데 우리나라는 포스코를 비롯해 여러 철강사에서 내후성강 을 생산하고 있어.

• 내후성 강판으로 마감한 건물

용광로 밖으로 나온 쇳물, 액체철

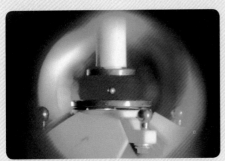

● 액체철

● 정전기 공중 부양 장치

2011년 KRISS(한국표준과학연구원)의 이근우 박사 연구팀은 고온에서 녹은 철강 소재의 특성을 용기 없이 비접촉식으로 파악할 수 있는 '정전기 공중 부양 기술' 개발에 성공했다고 발표했다.

정전기 공중 부양 기술은 우주 환경과 유사한 상황에서 일어날 수 있는 일을 사전에 실험할 수 있는 기술로, 전기장을 걸어 고체 상태의 철을 공중에 띄운 후 레이저를 이용해 가열하면 고체철은 공중 부양된 상태에서 점차 온도가 올라가 마치 태양과 같은 빛을 발산하며 액체철로 변하게 된다.

이 기술을 개발함에 따라 평소에는 용광로 안에서만 존재하던 1,500℃ 이상의 쇳물을 공중에 노출시킨 상태로 연구할 수 있게 되었다. 즉 철강 소재의 응고 온도와 과냉각 온도, 물질 상태의 변화 온도, 비열과 잠열, 밀드 등 쇳물의 정확한 특성을 측정할 수 있게 되었고, 평소에 눈으로는 확인할 수 없었던 1,500℃ 이상의 고온에서 철이 녹는 상태를 확인할 수 있게 된 것이다. 이것은 새로운 철강 개발에 필요한 철의 물질 상태를 알 수 있는 기술적 업적이다.

이 실험을 통해서 측정한 쇳물의 특성은 새로운 철강 제품을 개발할 때 제조 기준을 확립하고 철강 표면의 결함을 방지할 수 있는 중요한 정보가 되며, 철강을 연속 주조할 때 쇳물이 초기 응고 단계에서 갑자기 표면이 터지는 것과 같은 공정상의 문제를 해결하여 불량률 감소에 기여할 것으로 기대되고 있다.

6월 9일은 철의 날

매년 6월 9일은 철의 날이다. 철의 날은 우리나라 최초의 현대식 용광로인 포항 1고로에서 처음으로 쇳물을 생산한 날을 기념하여 제정한 것인데, 철의 날을 즈음해서는 많은 기념 행사가 열린다. 해마다 5월 말 즈음에는 한국철강협회가 주최하는 철강사랑마라톤대회가 열리고, 철강사진 공모전도 개최한다.

그중에서 철강사랑마라톤대회는 미사리 조정경기장 인근에서 5km, 10km, 21km의 하프마라톤 코스로 진행하는데, 우리나라의 모든 철강회사가 참가하여 동반 성장을 추구하는 즐거운 축제의 현장을 펼친다. 마라톤뿐만 아니라 일반 시민들이 함께 참여할 수 있는 각종 행사도 함께 진행한다.

철강사진 공모전은 우리 생활에 필수적인 철의 중요성과 철강 소재의 우수성을 홍보하기 위해 개최하는 행사로, 국내 최대 규모를 자랑한다. 매년 3,000여 점의 작품이 출품되는데, 경북 포항시의 포스코 갤러리와 음성 철 박물관 등지에서 수상작품 전시회가 열린다. 2013년에는 포스코 광양제철소 생산기술부에 근무하는 정홍규 씨의 작품 '철의 재단사들'이 대상으로 선정되었다.

• 2013 철강 사진전 대상 _「철의 재단사들」(정홍규 作)

09

내가 제일 잘나가,
대한민국 철강

대한민국 철강 산업은 짧은 시간 동안 눈부신 성장을 이루었다. 국가
산업의 근간으로서 제 역할을 충실히 수행할 뿐만 아니라, 자체 개발
기술로 독보적인 성과를 올리며 세계의 철강 대국으로 우뚝 자리매
김했다. 우리나라의 철강 기술은 어디까지 왔나. 그 경로를 따라가며
철강 대국 국민으로서의 자부심을 느껴 보자.

세계로 뻗어가는 철강 산업
최첨단 기술을 찾아라

비 오는 주말 오후, 엄마는 드라마에 퐁당 빠져 계시고, 상갓집에서 밤샘을 하고 들어오신 아빠는 늦은 낮잠을 주무시고 계셨다.

"아, 심심해. 뭐 좀 신나는 일이 없을까?"

지루함에 몸부림치는 재철이와 놀아 줄 상대는 컴퓨터밖에 없다. 재철이가 컴퓨터를 켜자, 기다리고 있었다는 듯 노래방 프로그램이 함께 놀자고 재철이를 유혹했다.

"바로 이거야. 꿀꿀한 날엔 노래가 최고지."

재철이는 방문을 꼭 닫고 노래방을 가동했다. 처음에는 가만가만 속삭이던 노래방이 점점 더 재철이에게 큰 목소리를 요구했다. 어느새 재철이는 방 안을 이리저리 뛰어다니며 고래고래

146

노래를 부르고 있었다.

"내가 제일 잘나가~ 내가 봐도 내가 좀 끝내주잖아! 내가 나라도 이 몸이 부럽잖아! 내가 나라도 이 몸이 부럽잖아. 내가 제일 잘나가. 어떤 비교도 난 거부해. 뭘 좀 아는 사람들은 다 알아서 알아봐. 아무나 잡고 물어봐, 누가 제일 잘나가?"

그 순간 방문이 벌컥 열리며 눈이 휘둥그레진 엄마와 부스스한 표정의 아빠가 들이닥쳤다.

"내가 제일 잘나가, 오 예~!"

재철이의 목소리가 급격하게 사그라졌다.

"아유, 참! 재철이 너, 책임져!"

저녁 밥상에서 계속 움찔거리며 묘한 표정으로 밥을 드시던 엄마가 결국 못 참겠다는 듯 재철이를 향해 짜증을 확 내셨다.

"제가 뭘요?"

"네가 아까 부르던 노랫소리가 내 머릿속에서 떠나지를 않아! 쉴 새 없이 맴돈다고! 제발 이것 좀 내 머리에서 가져가!"

"그것이 내 머릿속에서도 맴돌고 있어. 내 것도 좀 가져가!"

아빠까지 그러시니 재철이는 난감해졌다. 이 일을 어쩌란 말이냐. 사실은 그것이 재철이 머릿속에서도 맴돌고 있었다!

그렇게 재철이네 가족은 '내가 제일 잘나가'를 반찬 삼아 들썩이는 식사를 마쳤다.

재철이는 방으로 돌아와 괜히 컴퓨터에게 눈을 흘겼다. 이게 다 너 때문이야.

그때 아빠가 방으로 들어오셨다.

"좋은 생각이 떠올랐어. 너와 나의 머릿속을 맴도는 '내가 제일 잘나가'를 없애려면 진짜로 잘나가는 것을 찾아 집으로 돌려보내면 돼. 그러니까 지금부터 아빠랑 같이 '내가 제일 잘나가, 대한민국 철강!' 프로젝트를 시작하자. 세계로 뻗어가는 우리나라 철강 산업의 최첨단 기술을 찾아서 '내가 제일 잘나가!'를 귀가시키는 거야. 네가 찾고, 아빠가 설명하고. 어때, 아빠 생각이?"

그리하여 아빠와 재철이는 '내가 제일 잘나가, 대한민국 철강!' 프로젝트를 시작했다.

제가 처음 찾은 **우리나라 최고의 철강 기술은** 포스코가
개발한 **포스트립**이에요. 포스트립이 뭔지 설명해 주세요.

'포스트립(poStrip)'은 포스코가 기존의
스트립캐스팅 기술을 활용해 개발한 철강
기술의 이름이야. 연속 주조-압연 공정을
모두 생략하고, 제강로에서 생산한 쇳물을
두 개의 원통형 롤 사이로 흘려보내면서 곧
바로 얇은 강판을 만들어 내는 거지.

스트립캐스팅 기술은 1856년 영국의 헨
리 베세머가 창안했지만, 130여 년 동안 현

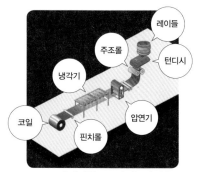

• 포스코가 개발한 스트립 캐스팅 기술
'포스트립(poStrip)'의 공정도

실화하지 못하다가 현대의 기계 및 소재 기술의 발달로 다시 시도하기 시작했어.

2002년 미국의 뉴코어 사가 일반 강의 스트립캐스팅을 상용화했고, 스테인리
스 강 분야에서는 일본의 NSC 사가 스트립캐스팅을 상용화했지만, NSC 사의 스
테인리스 강이 NSSC로 합병되면서 스테인리스 부문의 스트립캐스트는 중지되
었지.

포스코는 1996년 2월 스트립캐스팅의 시험 조업에 성공했고, 2006년에는 연간
60만 톤 규모의 포스트립 데모 플랜트*를 준공한 후 여러 시행착오를 거친 끝에
마침내 상용화의 길을 열었지. 현재 전 세계적으로 스트립캐스팅의 상용화 기술
을 보유하고 있는 곳은 대한민국의 포스코 사와 미국의 뉴코어 사, 그리고 독일의
티센크룹 스틸(TKS) 단 3곳에 불과해.

> *** 데모 플랜트** 새로운 공법이나 신제품을
> 도입하기 전에 시험적으로 건설하는 소규
> 모 설비로 파일럿 플랜트(pilot plant)라고
> 도 한다. 데모 플랜트에서 경제성이 입증되
> 면 생산을 위한 본격적 설비인 상용 설비
> (커머셜 플랜트)를 건설하게 된다.

포스트립은 복잡했던 연속 주조-압연 공정을 간
단하게 축약함으로써 에너지 절약에 크게 기여할 뿐
만 아니라 기존의 연속 주조-압연 공정에서 발생했
던 유해 가스 배출량을 대폭 절감하는 친환경 혁신
기술로 주목받고 있어.

친환경 혁신 기술이라고 하니 바로 떠오르는 게 있어요.
현대제철의 밀폐형 원료 저장 시스템이요!

    대한민국뿐만 아니라 세계적인 친환경 혁신 기술의 대표적인 기술 업적이지. 일관 제철소에서 가장 큰 오염 물질로 지적받는 비산 먼지를 원천 봉쇄할 수 있는 아주 중요한 시설이야.

    현대제철의 밀폐형 원료 저장 시스템은 선박에서 원료를 하역할 때부터 원료 저장소에 이르기까지의 모든 과정이 완벽한 밀폐 장치로 이어져 있는데, 밀폐형 연속식 하역기로 선박에서 철광석과 유연탄 가루를 하역하면, 밀폐형 벨트컨베이어가 이것을 원료 처리 시설까지 실어 나름으로써 바닷바람이 심한 임해제철소에 고질적으로 날아다니는 비산먼지* 문제를 해결한 거야.

    밀폐형 저장고는 경제적 가치도 매우 높아. 개방된 야외 공간에 원료를 쌓아 놓는 것보다 훨씬 더 많은 양의 원료를 저장할 수 있을 뿐 아니라, 비나 바람에 의한 원료 손실분도 없고, 원료 보관을 위한 부지 면적도 줄어들거든. 현대제철의 밀폐형 원료 처리 시설은 철광석을 기준으로

> * **비산 먼지** 공장이나 공사장 등에서 굴뚝 같은 정해신 장치를 기치지 않고 대기 중으로 직접 배출되는 공해성 먼지. 비산 분진 이라고도 한다.

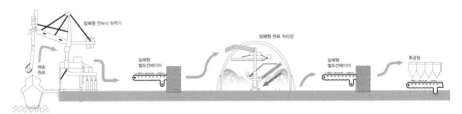

•현대제철 원료 처리 시스템

  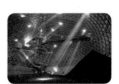 

•밀폐형 연속식 하역기   •밀폐형 벨트컨베이어   •돔형 원료 처리장 내부   •밀폐형 원료 처리 시설

할 때 개방형 원료 처리 시설보다 무려 2.5배의 효율이 있다고 해.

연간 800만 톤의 조강 생산 능력을 기준으로 할 때 개방형 원료 처리 시설을 확보하는 데 약 66만m²의 부지가 필요하다면 밀폐형 원료 처리 시설은 약 26만 m²면 충분하지.

현대제철은 밀폐형 원료 처리 시스템에 관련한 147건의 특허를 출원함으로써 철강 업계 최초로 선보이는 신개념 기술을 뽐내고 있을 뿐만 아니라 전 세계 제철소를 대상으로 원료 보관에 대한 표준을 제시하는 업적을 세운 거야.

다시 포스코로 가 볼까요? '고로를 대체하는 제선 신기술 파이넥스!'라는 말이 무슨 뜻이에요?

'파이넥스(FINEX) 공법'은 포스코가 세계 최초로 개발한 새로운 제철 기술 및 설비의 이름이야. 고로는 철광석과 유연탄을 자연적인 원료 상태에서 쓸 수 없기 때문에 고로 제철소에서는 소결 공장과 코크스 공장을 별도로 운영해야 해. 이 과정에서 이산화탄소, 황산화물이나 질소산화물 같은 공해 물질이 다량으로 발생하지.

반면에 파이넥스 공법은 자연 상태의 철광석과 유연탄을 바로 용광로에 넣고 쇳물을 만들기 때문에 소결 공장과 코크스 공장을 따로 가동하지 않아도 돼. 설비 투자비가 싸고, 에너지도 아낄 수 있지.

포스코는 1992년에 파이넥스 연구를 시작해서 2003년에 연산 60만 톤 규모의 파이넥스 데모 플랜트를 준공했고, 2007년에 연산 150만 톤 상업화 설비를 준공했어. 연구에서 상용화까지 15년의 세월이 걸린 거지. 현재는 포항제철소에 파이넥스 제3공장을 짓고 있는데 12월에 준공 예정이야.

파이넥스 수출이라니 정말 감격스러워요!
그런데 포스코가 개발한 철강 기술이 또 있지 않아요?

물론 있지. 포스코는 철강 신기술뿐만 아니라 기존 설비를 더욱 우수한 성능으로 개선하기 위해 끊임없이 노력하고 있어. 그 결과 2006년 세계 최초로 연연속 압연 기술을 개발했어.

연연속 압연 기술은 슬래브 단위로 끊어지는 열연강판을 접합해서 긴 강판코일로 만드는 기술이야. 이 기술을

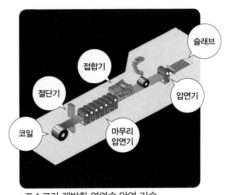

●포스코가 개발한 연연속 압연 기술

이용하면 작업 시간을 획기적으로 줄일 수 있을 뿐만 아니라 더 얇고 단단한 강판을 경제적으로 만들 수 있어. 포스코는 제강 공정과 열연 공정을 연결한 CEM(Compacted Endless Rolling Mill) 기술도 개발했어. 광양제철소의 미니밀*공장에 적용한 CEM은 제강과 연속 주조, 압연 공정을 직접 연결함으로써 슬래브를 강판으로 만들기 위해 가열해야 하는 공정을 없앤 거지.

두껍게 굳은 슬래브를 압연기에 넣어 얇은 강판으로 만들려면 슬래브를 다시 일정 온도까지 가열해 주어야 하는데, 쇳물의 불순물을 제거하는 제강 과정에서 강판을 만드는 연속 주조까지 공정이 계속 이어진다면 굳이 중간 소재인 슬래브를 생산할 필요도 없고, 이 슬래브를 가공하기 위해 또다시 철판을 가열할 필요도 없는 거지. 쇳물이 CEM 공정을 따라 흐르고 굳으면서 강판까지 이어지니까.

그래서 CEM을 도입하면 압연공정에서 다량으로 소모되던 에너지를 줄일 수 있고, 연간 14만 톤의 온실가스가 감축된다고 해.

> * 미니밀(mini-mill) 미니밀은 연산 200만 톤 이하의 소규모 제철소를 뜻하는 이름으로, 전기로 방식의 제철 설비를 뜻하기도 한다. 포항제철소에서는 1996년 10월 180만 톤 급 미니밀을 완공했다.

광양제철소 1고로가 세계에서 가장 크다고 하는데
광양제철소 1고로는 1980년대에 지은 것 아닌가요?

광양제철소 1고로는 1987년 3,800m² 규모로 건설했는데, 2002년에 개보수를 통해 3,950m²로 용량이 커졌고, 2013년 3차 개보수를 통해 6,000m² 규모로 재탄생했어. 이것은 기존에 세계 최대 규모였던 중국 사강그룹의 1고로 5,800m²보다 더 큰 규모이기 때문에 '세상에서 가장 큰 용광로'가 되었지.

새로 태어난 광양제철소 1고로는 세계 최고라는 규모보다, 우리의 기술로 다시 만든 고로라는 데 더 큰 의의가 있어. 광양 1고로의 재탄생에는 포스텍(포항공과대학)과 포항산업과학연구원(RIST) 등이 연구 협력하여 최첨단 기술을 적용한 결과, 고로에 들어가는 연료량은 줄이면서도 쇳물은 더 많이 생산할 수 있게 된 거지. 포스코의 고로 기술은 세계에서 널리 인정받아 인도네시아와 브라질 등에 수출하고 있어.

●새로 태어난 광양제철소 1고로

지구 온난화로 세계 곳곳에서 **자연재해가 이어지고 있는데,** 여기에 대한 **철강 산업의 대책**은 없나요?

지진이 발생해도 건물을 지탱해 줄 수 있는 철강 제품을 생산하는 기술을 내진 기술이라고 해. 우리나라에서도 내진 기술을 적용한 철강 제품을 생산하고 있지.

현대제철에서는 일관 제철소를 건설하기 전부터 건축물의 구조를 만드는 데 사용하는 H형강, 조선용 형강, 시트파일, 철도레일 같은 다양한 철강 제품을 개발해 왔어. 특히 대부분의 건물이 고층화 및 대형화되는 추세를 보임에 따라 내진 기술을 적용한 제품을 개발하는 데도 두각을 나타냈지.

현대제철은 지난 2009년 내진 기술을 접목한 국내 최초의 건축 구조용 열간 압연 H형강 2종과 초고장력 철근 1종을 개발했어. 이 제품은 지난 2004년부터 지식경제부가 주관하는 산업 원천기술 개발사업 가운데 '차세대 초대형 구조물용 강재 개발' 과제에 참여하여 5년여의 연구 끝에 얻은 결실이지.

고층화 및 대형화되는 건물의 진화와 함께 지하 공간이 확대되고, 해양 공간의 활용성이 높아지면서 대형 건물과 대형 지하 구조물, 대형 해양 부체에 적용이 가능하도록 개발한 차세대 초대형 구조물용 강재가 관심을 모으고 있어.

지하철 4호선 내진 성능 평가 불합격, 우리나라의 내진 기술 수준은? ▼

2013년 9월 22일 새누리당 정우택 의원은 한국시설안전공단이 제출한 자료를 분석한 결과, 공단이 관리하는 191개 주요 시설물 가운데 서울 지하철 4호선을 비롯한 전국 28곳의 시설물이 내진 성능 평가에서 불합격 판정을 받았다고 밝혔다.

특히 서울 지하철 4호선 쌍문~수유 간 본선 터널, 명동역~회현역 구간, 회현역~서울역 구간, 서울역~숙대입구역 구간은 앞서 2007년~2008년 실시한 내진 성능 평가 결과에서 불합격 판정을 받은 바 있으나 이후 보강 조치는 없었던 것으로 확인됐다.

우리나라는 해마다 지진 강도가 높아지고 지진 발생 횟수가 잦아지면서 철강 업계의 내진 기술과 내진 철근 개발에 대한 관심도 커지고 있다. 2010년부터 공동 연구를 통해 내진 철근 개발에 성공한 현대제철과 동국제강은 2013년 각 1건씩 철근 콘크리트 구조물 공사에 내진 철근을 공급했다. 하지만 아직까지는 지진 대비용 강재 개념이 희박해 완전 상용화까지는 이르지 못하고 있다.

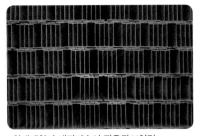

•현대제철의 내진기술이 적용된 H형강

이 강재들은 시속 250km 이상의 풍속을 이겨내고 지진에 적응하며, 화재가 발생하더라도 240분 이상 버틸 수 있는 내화성과 50년 이상 사용할 수 있는 내구성을 지니도록 설계되었지. 따라서 지진이나 허리케인 같은 각종 자연재해로부터 인간을 더욱 안전하게 보호하는 역할을 담당하게 돼.

현대제철은 그동안 쌓은 전기로 제강 및 압연 기술을 바탕으로 각국의 연구 논문을 조사, 분석했어. 이를 토대로 특수강의 합금을 설계하고 실험실 규모의 초기 실험을 통해 원하는 성분을 찾아냈지. 이런 기술 개발 과정을 거쳐 최종 연구물로 탄생한 개발품들은 실제 공장에서 제강 및 압연 과정을 통해 시제품을 생산하지. 그런 다음 원하는 품질을 보유하고 있는지 검증하는 과정을 반복하며 최적의 결과물이 탄생하게 되는 거야.

내진 철근은 동국제강에서도 개발하여 아파트 공사 현장 등에 공급하고 있어.

자동차 강판은 얇고 부드럽지만 강해야 하잖아요. 이런 강판을 만드는 기술은 어떤 게 있어요?

자동차 강판을 만드는 데는 냉연강판 제조기술과 강관 제조 기술이 중요해. 이 분야에서 앞서가고 있는 철강회사로 현대하이스코가 있지. 현대하이스코에서는 서로 다른 재질 및 두께의 강판을 자동차의 요구 형태로 재단하여 레이저로 용접하는 TWB(Tailor Welded Blanks: 맞춤재단 용접강판) 공법으로 자동차용 제품을 생산하고 있는데, 이 공법은 차체를 경량화해서 연비를 절감시켜 주고, 내충격성이 강화되어 안전성을 높여주는 기술이지. 또한 지구 온난화의 주범인 자동차 배기가스를 줄일 수 있는 최첨단 기술이기도 해.

자동차용 제품을 만드는 데 중요한 기술 중 하나는 하이드로포밍(Hydroforming: 액압성형)이야. 강판을 튜브 형태로 만든 다음 바깥에 프레스를 대고 튜브 안으로 물과 같은 액체를 강하게 밀어 넣어 그 압력으로 강관의 모양을 가공하는 최신 공법이지.

현대하이스코는 2004년부터 지속적으로 핫스탬핑 공법을 연구개발 하고 있어. 핫스탬핑 공법은 강도가 50kg인 강판을 900℃ 이상으로 가열한 뒤 금형으로 성형 및 급랭하여 150kg 급의 강도를 갖는 부품으로 제작하는 공법이야. 핫스탬핑 공법을 활용한 제품의 경우 강도 향상을 위한 별도의 보강재가 필요 없기 때문에 차량의 경량화 효과를 극대화할 수 있고, 부품 수 감소에 따른 용접작업이 간소화 되어 생산성을 향상시키고 투자비 절감 효과를 얻을 수 있어.

또 적은 양의 소재로도 차량 안전도를 높일 수 있기 때문에 차량 무게의 감소로 인한 연비 개선 효과를 가져다 줄 수 있는 기술로도 주목받고 있지.

언제부터인가 냉장고나 세탁기가 화려해졌어요.
여기에는 어떤 철강 기술을 쓰고 있어요?

철강으로 예술을 하는 회사, 유니온스틸이 있어. 다양한 컬러와 창조적인 무늬를 철강에 입혀서 아름다운 철강 문화를 만들어 나간다는 자부심으로 가득 차 있지.

유니온스틸의 전신은 국내에서 처음으로 냉연강판을 생산한 일신제강이야. 국내 최초로 컬러강판을 생산한 일신제강에서 비롯된 유니온스틸은 냉연강판의 기술을 더욱 발전시켜 강판에 도금을 하고, 다양한 표면 처리 기술을 적용해서 기능성에 디자인을 가미한 컬러강판을 생산하고 있어.

그중에서도 가장 까다로운 불연속 패턴 프린트 강판은 유니온스틸의 독보적인 기술로 생산한 제품이야. 얇은 강판을 낱장으로 절단했을 때 그림의 위치가 일정하게 유지되도록 제품의 용도에 맞춰 규격화된 패턴을 강판에 입히는 것은 고도의 기술을 요하는 작업이지.

유니온스틸의 가전용 컬러강판은 2010년 지식경제부가 세계 일류 상품으로 선정했는데, 유니온스틸은 세계 컬러강판 업체 중 유일하게 연속 도장 강판 생산 설비와 불연속 무늬 생산 기술을 갖추고 있어. 이것은 50년간 쌓은 유니온스틸만의 기술 노하우로 평가받고 있지.

유니온스틸은 연간 약 4,000톤의 불연속 프린트 강판을 생산하고 있는데, 이 제품들은 냉장고 도어나 실내 보일러 케이스용으로 국내와 해외에 활발하게 공급하고 있어.

● 불연속무늬 처리 기술을 적용한 유니온스틸 컬러강판

156

조선의 철강왕 구충당 이의립

울산에는 유명한 달천철광이 있다. 국가 기간산업으로 운영하던 철광을 민간인으로서 경영한 사람이 바로 '조선의 철강왕'으로 불리는 구충당 이의립이다.

그런데 '2013년 울산쇠부리축제 기념 학술 심포지엄'에서 국립중앙박물관 서성호 학예연구관과 신라문화유산연구원 김일권 연구원은 각자 다른 의견을 발표했다. 그 내용은 다음과 같다.

우선 서성호 연구관은 이의립이 1646년(인조 24년)부터 전국의 산을 탐사하던 중 1657년(효종 8년) 산신령의 계시로 울산 달천에서 수철을 만들 수 있는 철광을 찾아내고, 이어 울주 반곡리에서 비상의 광맥을, 1669년(현종10년)에는 권이산에서 유황 광맥을 각각 발견했다고 《구충당 문집》에 나와 있는 내용을 발표했다.

그러나 이어진 김일권 연구원의 발표 내용에 의하면 달천철광은 그보다 2년 앞선 시점에 국가가 이미 그 존재를 충분히 인지하고 있었던 것으로 확인되었다. 달천철광은 임진왜란과 병자호란 이후에 붕괴되어 휴면 상태에 있었던 것을 이의립이 주도해 민간 제철로 재가동하여 엄청난 액수의 세를 나라에 바친 것으로 이해해야 한다는 설명이다.

이의립의 달천철광 경영이 본격화되면서, 이때부터 달천을 중심으로 울산·경주·청도 지역에 석축형 제철로가 확산되어 17~19세기 사이의 독특한 제철 문화가 형성되기에 이르렀다.

석축형 제철로는 이의립이 개발한 새로운 대량 생산 기술로 각광을 받으면서 그 후손들에 의하여 더 넓은 지역으로 보급되었으며, 원삼국 시대의 달천철광은 중산동 이화 유적에서 제련한 뒤 경주 횡성동으로 공급하여 삼한 소국의 하나였던 사로국이 진한의 맹주로 발전, 고대 국가로 성장하는 데 지대한 영향을 미쳤을 것이라고 설명했다.

● 구충당 이의립 동상

철강 관련 축제 및 견학 정보

**울산
쇠부리축제**
www.soeburi.org

울산시에서 매년 4월 말에서 6월 중순 사이에 개최하는 축제로, 철을 주제로 하는 각종 문화 행사와 전시, 체험 마당으로 풍성하게 이루어진다. '쇠부리'는 철광석이나 토철에서 고도의 열을 가해 덩이쇠를 만들어내는 재래식 철 생산 과정을 일컫는 경상도 방언으로, 축제가 열리는 울산시 북구는 삼한 시대부터 동아시아 철기 문명의 중심지였다.

제철소 견학

포스코와 현대제철의 제철소를 견학하려면 홈페이지나 전화를 통하여 미리 신청을 해야 한다. 견학 시에는 공장 내부의 계단과 난간을 다녀야 하므로 편안한 신발을 신는 것이 좋고, 뜨거운 열기를 감당하기 어렵다고 판단되는 음주자나 노약자 등은 방문을 제한당할 수도 있으므로 유의해야 한다.

- 포스코 견학 신청 www.posco.co.kr/homepage/docs/kor3/jsp/prcenter/tour/s91c3000010m.jsp
- 현대제철 견학 신청 www.hyundai-steel.com (현대제철 홈페이지▶홍보센터▶공장 견학 신청)

철 박물관
www.ironmuseum.
or.kr

충북 음성군 감곡면 영산로 360번지에 있는 철 박물관에서는 철의 역사와 제조, 생활 속의 철, 철의 재활용, 철과 예술에 관련한 주제 전시를 관람할 수 있으며 특히 조선 시대의 제철 유적과 우리나라 최초의 전기로가 전시되어 있다.

- 관람시간 : 오전 10시~오후 5시(입장 마감 : 오후 4시 30분, 체험 진행 시 오후 3시)
- 전화번호 : 043)883-2322

대가야 박물관
daegaya.net/main/

경북 고령군 고령읍 대가야로 1203번지에 있는 대가야박물관의 야외 전시관에는 에서는 철의 왕국이었던 대가야의 철 생산 기술을 알려 주는 고대 제철로 복원 모형이 전시되어 있다.

- 개관시간 : 하절기 09:00~18:00 / 동절기 : 09:00~17:00
  (매주 월요일 휴관. 월요일이 공휴일인 경우는 다음 날 휴관)
- 전화번호 : 054) 950-6071

10

꺼지지 않는 불꽃,
지속 가능한 미래

철강 산업은 공해 산업이라는 인식에서 벗어나기 어렵다. 하지만 어렵다고 해서 그대로 주저앉아 있는 건 자존심이 허락하지 않는다. 철의 비전은 끊임없는 재생과 꺼지지 않는 불꽃으로 지속 가능한 미래를 창출하는 것이다. 새로운 시대, 친환경 철강 산업의 미래 가치를 달성하기 위해 달리고 있는 우리나라 철강 산업의 경로를 탐색한다.

도시광산이라는 말 들어 봤니?
철의 미래는 자원의 재생산이야

"엄마 어디 가셨니?"

"아까 재활용품 버리러 가셨는데요."

그러고 보니 엄마가 나가신 지 한참이 되었다. 무슨 일이지? 아빠와 재철이는 베란다로 나가 밖을 내다보았다. 무슨 일인지 사람들이 모여 웅성거리고 있었다. 이윽고, 엄마가 잔뜩 흥분한 표정으로 돌아와 찬물을 벌컥벌컥 들이켜셨다.

"왜 그러는데? 무슨 일이야?"

아빠와 재철이가 궁금한 표정으로 모여들었다.

"박스랑 재활용품 들고 내려가는데 아랫집 할아버지가 박스는 자기한테 달라시는 거야.

모아뒀다 파신다고. 그래서 다른 것만 버리고 박스는 할아버지 드리려고 몇 장 더 챙겨서 가져오는데 경비 아저씨한테 딱 걸린 거지. 박스를 왜 가져가냐고 묻길래 그냥 쓰려고 그런다고 했더니 경비 아저씨가 쫓아왔어. 그리고는 계단에서 할아버지한테 박스를 넘기는 걸 보고 난리인 거야. 아파트 재활용품은 공공 재산이라나? 할아버지가 왜 공공 재산을 빼돌리냐고 막 뭐라 그러는데, 그게 말이 돼? 내 박스 내가 주고 싶은 사람 주는데, 그게 왜 공공 재산 빼돌리기냐고?"

속사포처럼 쏟아지는 엄마의 울화통 사이로 아빠가 간신히 끼어 들어가셨다.

"재활용품도 재산은 재산이지. 하지만 소유권은 좀 애매한데? 이미 재활용 수집장에 나왔으니까 공공 재산이 맞는 건가? 아니면 아직 수거하기 전이니 누구나 사용할 수 있는 자유재인가?"

재철이가 질문을 던졌다.

"재활용품이 그렇게 중요한 거예요? 싸움이 날 정도로?"

그러자 아빠는 눈을 반짝이며 재철이를 바라보셨다.

"재철이 너, 도시광산이라는 말 들어 봤니? 현대 사회의 새로운 광맥이자 지속 가능한 문명의 소산이지. 우리가 사는 도시에는 무궁무진한 자원이 널려 있는데, 그걸 캐내면 이제 더 이상 땅을 파거나 바다 밑을 뚫을 필요가 없는 거야. 자원의 순환, 그것이 바로 우리가 살아가야 할 문명의 미래인 거지."

아빠의 말씀이 잘 이해되지 않는 재철이가 다시 질문을 했다.

"땅을 파고 바다 밑을 뚫어야 철강 산업이 발달하는 거 아니에요? 그런 일을 하는 데 철강 제품이 쓰이는 거잖아요. 자원이 순환되면 철강은 할 일이 없어질 것 같은데요?"

하지만 아빠는 단호하게 고개를 흔드셨다.

"석유나 가스는 사용하고 나면 없어져 버리는 소모성 자원이기 때문에 계속 발굴해야 하지만, 재활용 산업도 이에 못지않게 좀 더 적극적으로 추진해야 할 필요가 있어. 철의 강점이 뭐야? 지속 가능한 순환이잖아. 끝없이 타오르는 용광로의 불꽃은 자원의 재생산을 가능하게 만들지. 그렇기 때문에 자원의 순환은 우리나라 철강 산업이 도전해야 하는 새로운 과제인 거야. 공해 산업, 오염 산업으로서의 불명예를 벗고, 친환경 리사이클링 산업으로 변신하는 계기가 되어 주는 거지. 대한민국 철강 산업의 영원무궁한 꺼지지 않는 불꽃이 만드는 지속 가능한 미래, 멋지지 않니?"

도시광산이 대체 뭐예요? 우리가 사는
도시 아래에 광맥이 있다는 뜻인가요?

도시광산이란 생활 폐기물 속에 들어 있는 금속 자원을 말하는 거야. 철강 제품이야 원래 재활용이 가능하니까 말할 필요도 없지만 휴대폰이나 컴퓨터, 자동차 같은 다양한 생활 폐기물 속에는 우리가 미처 상상하지 못한 많은 자원이 포함되어 있어. 이런 산업 폐기물에서 금속을 분리해 산업 자원으로 재활용하는 것을 도시광산(urban minning)이라고 해.

도시광산의 자원 추출 과정도 간단해. 휴대폰이나 컴퓨터, 자동차 부품 같은 폐기물을 수거한 뒤 희귀 금속이 들어 있는 전자 회로 기판을 분류해서 필요한 자원을 추출하면 되는 거야.

부존자원*이 부족한 우리나라에서는 땅 위에 널려 있는 도시광산을 적극적으로 개발하려는 노력이 필요해. 도시광산을 제대로 개발하면 약 50조 원의 보물섬을 발굴하는 것과 같아.

현대 사회의 기술 문명은 지금까지의 부존자원 개발형에서 벗어나 환경을 보호하는 그린 문명으로 진화하고 있어. 철강 산업도 공해 물질을 양산하는 굴

> **＊ 부존자원(賦存資源)** 한 나라가 가지고 있는 자연·노동·자본을 총칭하는 말이다. 종래에는 자원을 인적 자원과 자연적 자원으로 구분하여, 보통 자원이라고 할 때에는 자연적 자원을 가리키고, 좁은 뜻으로는 천연자원만을 가리키기도 하였다. 최근에는 부존자원을 인적 자원, 자연적 자원, 사회문화적 자원으로 구분하기도 한다. 인적 자원은 노동력·사기(士氣) 등을 말하고, 자연적 자원은 천연자원·기후·지형·지세 등을 말하며, 사회문화적 자원은 자본재·지식·사회 제도 등을 포함하여 말한다.

뚝 산업에서 벗어나 자연과 함께 삶을 이어 나가는 지속 가능한 친환경 산업으로서 거듭나기 위해 많은 노력을 기울이고 있지.

우리나라 철강 산업에서도
도시광산 개발 노력을 벌이고 있다고요?

물론이지. 산업 원료로 쓰이는 광물 자원은 각종 폐기물에 널리 분포되어 있어. 그래서 효과적인 회수 기술을 개발하는 것이 관건이지. 적정 기술만 개발한다면 자연을 훼손하지 않고도 유용한 산업 원료를 대량으로 얻을 수 있어.

포스코에서도 이런 노력을 하고 있지. 포항산업과학연구원(RIST)은 산업 부산물에서 스테인리스 원료용 페로니켈 펠릿을 제조하는 기술을 개발했는데, 이것은 희귀 금속인 니켈과 크롬을 함유한 산업 폐기물을 스테인리스의 원료로 재활용하는 거야.

포스코와 포항산업과학연구원은 2005년부터 니켈을 함유한 폐기물을 겨냥한 도시광산 사업의 기술 개발에 집중하여 2007년에 상용화하는 쾌거를 이루었지. 니켈은 포스코의 제철 원료 중에서 수입 금액이 톱 5위에 들어가는 제품이야. 특히 스테인리스 제품을 만드는 데 많은 양을 사용하기 때문에 회수 기술 개발은 단순한 연구 성과의 수준을 넘어 회사 차원의 원료 자급 능력을 높인 값진 결실이지.

이 기술로 만든 페로니켈 펠릿은 특별한 가열 처리 없이 스테인리스 전기로나 정련로에 남아 있는 잉여 에너지로 금속을 회수, 생산하기 때문에 추가적인 열처리가 필요하지 않다는 장점이 있어. 덕분에 기존보다 에너지 사용량이 훨씬 적어지는 거지. 게다가 CO_2 절감 효과도 매우 크다고 하더구나. 제강 폐기물도 줄이고, 금속도 얻고, 이산화탄소 발생량도 줄일 수 있으니 일거삼득(一擧三得) 아니겠니?

주변에 개발할 자원이 많다니 왠지 안심이 돼요.

그렇지? 눈을 돌리면 우리가 활용할 수 있는 자원은 얼마든지 많아. 그런 의미에서 철강 산업은 미래 문명을 주도적으로 이끌 수밖에 없는 거지. 철은 원래부터 자원 순환형 소재로 인식되어 왔잖아.

포스코에서는 스테인리스 생산 과정에서 발생하는 슬래그를 세계 최초로 제철 공정에 재활용하는 데 성공했어. 철강의 생산 과정에서 슬래그*는 어쩔 수 없이 발생하는 부산물이야. 예전에는 이것을 폐기물로 생각하고 모두 다 땅에 파묻었기 때문에 심각한 환경 문제를 야기했는데, 이제는 이것을 다시 생산 과정에 투입함으로써 쓰레기를 자원으로 변환시키는 거야.

재활용이 결정된 스테인리스 슬래그는 정련 과정*에서 발생하는데, 전기로에서 발생하는 것보다 생석회 함유량이 2배 가까이 많고, 식지 않은 상태에서 활용할 수 있어. 그래서 원료 사용량과 에너지 사용량을 동시에 줄이는 효과가 있지.

원래 정련로에서 나오는 슬래그는 비산 먼지 오염을 야기하는데, 이 슬래그를 식기 전에 재활용하기 때문에 환경 오염을 방지하면서 에너지와 자원까지 절약하는 세 배의 효과를 얻게 되는 거지.

철강 슬래그를 다른 용도로 쓸 수는 없나요?
철강 산업을 공해 산업으로 인식하는 건 정말 안타까워요.

철강 산업이 대규모 이산화탄소 배출 산업인 것은 부인할 수 없어. 2007년 동안 포스코가 대기 중으로 뿜어낸 이산화탄소는 6,410만 톤인데, 이것은 대표적인 이산화탄소 배출 기업인 항공사의 15배 가까이 되는 양이야.

그래서 포스코는 2001년부터 자체적으로 환경개선지수(POSEPI)를 개발해서 경영 성과에 반영하고, 제철소와 인근 지역의 대기 오염 상태 같은 환경 요인을 측정해서 주민에게 공개하고, 각종 설비와 공정 기술을 개선해서 오염 물질 배출을 최소화하려고 노력하고 있지.

포스코는 철강 슬래그를 이용해서 바다 목장을 건설하는 사업도 하고 있어. 포항제철소 인근에 있는 청진 2리 마을 공동 어장 앞에 포스코에서 나오는 철강 슬래그를 암반처럼 깔고, 그 위에 철강 슬래그를 섞어 만든 시멘트로 제작한 인공 어초 트리톤을 얹었지.

이런 방법으로 5,000㎡ 넓이의 바다숲을 조성해 해초를 심었어. 바닷속 7m 깊이에 미역과 다시마, 감태 같은 해조류의 생육 터전을 마련한 거지. 철강 슬래그는 칼슘과 철 함량이 높아서 해초에게 최적의 생육 조건이 된다고 해.

바다숲은 1,000㎡ 당 연간 10~20톤의 이산화탄소를 저장하는데, 이것은 같은 넓이에서 10톤의 이산화탄소를 저장하는 열대숲보다 훨씬 뛰어난 공기 정화 효과가 있대. 바다숲을 많이 만들면 바닷물에 녹아 있는 이산화탄소를 해초가 흡수하기 때문에 대기의 공기도 그만큼 더 맑아진다는 거지.

철강 산업의 공해 요인을
해결할 수 있는 **근본적인 기술**은 없나요?

철강 공정에서 배출되는 대표적인 온실가스인 이산화탄소를 줄일 수 있는 기술이 개발됐지. 한국에너지기술연구원과 철강 공정용 열설비 기업인 SAC는 산소만 사용하는 '순산소 연소 가열로'의 핵심 설계 기술과 연소기를 개발했어.

현재 철강 공정에서 사용하고 있는 '공기 연소 가열로'는 에너지 이용 효율이 35% 정도로 낮고 이산화탄소 배출은 많은데, 순산소 연소 가열로는 산소만 사용하기 때문에 공기 연소 가열로의 단점을 해결할 수 있는 기술이야. 배기가스 발생량도 적고 연소 온도가 높아 에너지 효율도 높은 것으로 알려졌어.

우리 기술로 개발한 순산소 연소 가열로는 철강 산업뿐만 아니라 석유 화학 공정의 고온 반응로, 비철금속 용해 및 용융 소각 등에도 적용할 수 있도록 개발했기 때문에 널리 사용된다면 아주 큰 효과를 볼 수 있는 기술이야.

에너지기술연구원에서는 이 기술을 우리나라의 대표적인 철강 기업인 포스코, 현대제철, 두산중공업, 세아베스틸, 동국제강 등에 소개했고, 이들 회사에서는 현재 적용을 검토 중이라고 해.

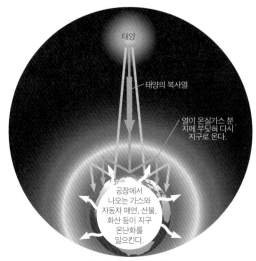

• 지구 온난화의 진행 과정

그런데 **이산화탄소를 줄이는 게** 그렇게 **중요**한가요?

지구의 환경을 가장 심각하게 위협하는 게 뭐지? 지구 표면의 평균 온도가 상승하는 게 지구 온난화 현상이잖아. 온난화의 원인은 아직까지 명확하게 규명되지는 않았지만, 온실 효과를 일으키는 온실 기체를 유력한 원인으로 추정하고 있어. 그 온실 기체의 대표가 바로 이산화탄소지.

이산화탄소는 인류가 산업화를 진행하면서 급격하게 늘어났어. 산업에 필요한 에너지는 대부분 석유나 가스 같은 화석 연료에서 얻고 있는데 문명이 발달할수록 필요한 에너지의 양은 급증해. 그래서 자원을 더 많이 채굴하려고 노력하지. 자원은 고갈되는데, 공해 물질은 급증하면서 자정 작용이 깨지는 거야. 지구 온난화는 지구의 자정 작용이 붕괴되고 있다는 예고라고 할 수 있어.

그래서 전 세계인들은 지구 온난화 방지를 위한 각종 프로젝트를 가동하기 시작했어. 1988년에는 '기후 변화에 관한 정부 간 패널(IPCC)'을 구성하여 기후 변화에 대한 조사와 연구를 수행하기 시작했고, 1992년 브라질 리우에서 개최된 국제 환경회의에서는 지구 온난화에 따른 이상 기후 현상을 예방하기 위한 '기후변화협약(기후변화에 관한 국제연합 기본협약)'을 채택했지.

2007년에는 192개국이 이 협약을 비준하여 지구 온난화 방지를 위해 노력하기로 약속했고, 1997년에는 온실가스 감축에 대해 법적 구속력이 있는 국제 협약인 교토의정서를 채택했어.

지구 온난화나 환경 오염을 일으키는 유해 물질은 무척 많은데 왜 이산화탄소가 온실가스 물질의 대표가 된 거예요?

온실가스의 종류를 구체적으로 지정한 것은 1997년 교토의정서를 채택한 기후변화협약 제3차 당사국 회의에서야. 이산화탄소(CO_2), 메탄(CH_4), 아산화질소(N_2O), 수소화불화탄소(HFCs), 과불화탄소(PFCs), 육불화황(SF_6)이 6대 온실가스로 지정되었지.

이산화탄소는 주로 석유나 석탄과 같은 화석연료를 태울 때 배출되고 메탄은 폐기물, 음식물 쓰레기, 가축의 배설물, 초식동물의 트림 등에 의해서 발생해. 그리고 과불화탄소, 수소화불화탄소, 육불화황은 냉매나 반도체 공정, 변압기 등에서 주로 발생하지. 그중에서 유독 이산화탄소가 지구 온난화의 주범으로 주목받는 이유는 뭘까?

이산화탄소는 전체 온실가스 배출량 중 80%를 차지해. 다른 산업 가스는 배출을 어느 정도 통제할 수도 있고, 포집 후에는 다른 물질로 분해할 수도 있는데, 이산화탄소는 화학적으로 안정된 물질이기 때문에 다른 물질로 전환시키려면 에너지가 너무 많이 필요한 거야. 이산화탄소를 분해하기 위해 에너지를 쓰면, 이 에너지의 연소 과정에 의해 또 이산화탄소가 발생하는 모순이 발생하는 거지.

그래서 이미 발생한 이산화탄소는 해결하기가 어려워. 그러면 어떡해야 하지? 발생량을 줄이는 게 최선인 거야. 그래서 온실가스를 줄이는 것은 곧 이산화탄소의 발생량을 낮추는 것과 같은 의미로 쓰이게 된 거지.

리사이클링 외에 **우리나라 철강 산업의 지속적인 미래**를 위하여 **발전할 수 있는 길**은 뭐가 있을까요?

불모지였던 대한민국에 제철소를 세우고 용광로를 지피며 갈고 닦은 우리의 철강 기술, 그 기술로 생산한 우리의 철강 상품을 가지고 세계로 나아가는 거야.

우리나라의 철강 회사들이 세계로 눈을 돌린 지는 이미 오래되었어. 포스코는 1995년부터 협력 관계를 유지해 온 인도네시아의 국영 철강사인 크라카타우 스틸과 70대 30의 비율로 합작 법인인 '크라카타우포스코'를 설립하고 인도네시아 자바 섬 칠레곤 시에 크라카타우포스코 일관 제철소 건설을 추진하고 있어. 크라카타우포스코 일관 제철소는 제선-제강-압연 시설을 모두 갖춘 동남아시아 최초의 매머드 급 종합 제철소야.

포스코는 일년의 반이 우기인 인도네시아의 기후 특성을 감안하여 항구 근처에 밀폐형 원료 야적장을 건설하고, 해양 오염을 최소화하는 설비로 환경 보호에 신경을 쓰고 있지. 또, 현지 국민들에게 아낌없이 기술을 이전해 주면서 친화력을 쌓아 가고 있다고 해. 제철소 건설 기술은 물론이고, 현지에서 채용한 조업 요원을 대상으로 제선, 제강, 연속 주조, 열간압연, 냉간압연 등에 관한 기초 철강 및 공정 교육을 실시하고, e러닝을 통한 포스코의 핵심 가치와 경영 이념 등을 교육하면서 무에서 유를 창조하는 포스코의 정신을 알리고 있지.

크라카타우포스코 일관 제철소 본관 건물 앞에는 인도네시아 국기와 포스코 깃발, 크라카타우포스코 깃발은 걸려있지만 태극기는 걸려 있지 않다고 해. 누구보다 국가관이 투철한 민경준 법인장은 '내 나라가 소중한 만큼 내가 일하고 있는 나라 국민들의 투철한 민족적 자긍심도 소중하게 생각한다'는 것을 실천해 보이는 의미라고 설명했어.

포스코는 크라카타우포스코 일관 제철소 건설을 통해서 우리나라의 철강 기술과 노하우를 전해 주면서 인도네시아의 자원 개발에 참여해 귀중한 원료를 확보하고, 해외의 생산 거점을 만드는 일석삼조의 이익을 거두고 있는 거야.

포스코 외에도 **일관 제철소 수출**에
성공한 회사가 있나요?

물론이지. 동국제강은 세계 최대의 철광석 공급사인 브라질 발레 사 및 우리 나라의 포스코와 합작해서 CSP(Companhia Siderurgica do Pecem, 페셍철강주 식회사)라는 이름의 회사를 설립하고, 브라질 북동부 세아라 주 페셍 산업단지 안에 제철소를 건설하고 있어. 2012년 7월 17일 CSP 제철소의 기공식을 가졌고, 부지 조성을 위한 항타 작업을 시작했지.

브라질의 지우마 대통령은 2011년 8월 11일 제철소 전용 부두를 준공하면서 이 부두에 동국제강 선대 회장 '송원 장상태'의 이름을 부여했어. 브라질 제철소 의 항구가 '송원 부두'라는 이름으로 불리게 된 거야. 이 프로젝트를 기획하고 진 행한 장세주 회장과, 생전에 브라질 제철소 건설에 관심을 가졌던 선친 장상태 회장에 대한 우정의 표시였던 거지.

이날 준공식에서는 브라질의 각료와 주지사, 지역 주민 1,000여 명이 지켜보

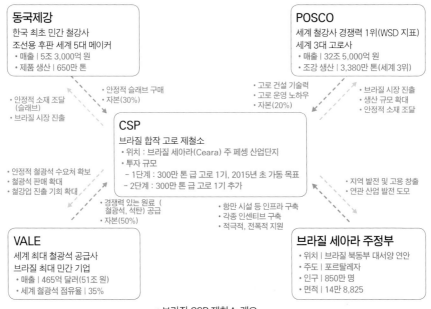

• 브라질 CSP 제철소 개요

는 가운데 부두의 이름이 새겨진 스테인리스 명판을 수여했는데, 거기에 동국제강의 선대 회장인 '송원 장상태'라는 이름이 새겨져 있었어. 브라질에서 사람 이름으로 지명을 짓는 것은 매우 이례적인 일인데, 거기에 외국 사람 이름으로 지명을 지은 것은 브라질 역사에서 사례를 찾아볼 수 없을 정도의 영광이라고 해서 관심을 받고 있지.

우리나라의 철강 기업이 세계로 뻗어 나가고 있다니 정말 기뻐요! 우리나라 철강 기술은 또 어디로 진출했나요?

2013년 9월 10일 포스코는 러시아의 극동 지역인 하바로브스크 주의 유일한 전기로 제철소인 아무르메탈(Amurmetal)의 위탁 운영 계약을 체결했어.

1942년에 준공한 아무르메탈은 연산 215만 톤 규모의 제철소인데 2008년 금융 위기로 경영이 악화되었지. 2010년 러시아의 대외경제개발은행이 아무르메탈의 지분을 100% 인수함으로써 국영 기업이 되었지만 높은 생산 원가와 부채 등으로 어려움 겪고 있었기 때문에 위기 극복의 노하우가 있는 포스코에게 운영을 위탁하게 된 거야.

아무르메탈의 경영 위탁은 포스코의 축적된 경험과 운영 노하우와 관련한 지적 재산을 판매한다는 데 의의가 있어. 우리나라의 철강 산업이 경영 기술이라는 지적 자산을 판매하는 지식 산업이 되는 거지.

이제 우리나라의 철강 산업은 자원 순환 기술과 공해 물질을 억제하는 생산 기술 개발로 기존의 굴뚝 산업에서 친환경 사업으로 전환함과 동시에 세계에 제철 기술을 판매하는 기술 선진국으로, 그리고 무형의 경영 기술을 판매하는 지적 산업국으로 진화해 나가고 있는 거야.

영원히 꺼지지 않는 불꽃처럼, 지속 가능한 미래를 향하여 힘차게 달리고 있는 우리나라의 철강 산업을 위해 우리 함께 격려의 박수를 보내도록 하자.

대장장이 – 그 신화와 전설 그리고 미래

동서양을 막론하고 신화와 전설이 뒤섞인 고대의 역사에는 유명한 대장장이들이 등장한다. 그리스 신화의 헤파이스토스, 로마 신화의 불카누스, 북유럽 신화에서 절대반지를 만든 안드바리와 대장장이 드워프족 등은 유럽의 대표적인 대장장이 신들이다.

우리나라에도 대장장이 신이 있다. 고구려 고분인 오회분 4회묘 널방 고임벽화에는 수레바퀴의 신과 대장장이 신이 그려져 있다. 고대로부터 우리나라가 얼마나 철기 문명을 중요시해 왔는지 입증해 주는 자료다. 실제로 고구려에는 넓은 대로가 사방으로 뻗어 있었고, 마차와 수레가 빈번하게 오갔다고 한다. 수레의 철 바퀴를 손수 만드는 수레바퀴 신을 벽화에 그릴 정도였으니, 고구려의 철기 문화가 얼마나 발달했을지 짐작할 만하다.

고구려뿐만이 아니다. 쇠나라라고 불렸던 신라에서는 대장장이가 왕이 된 공식적인 기록도 있다. 신라의 제4대 왕인 탈해왕이 바로 그 주인공인데,《삼국유사》나《삼국사기》등에 그에 관한 전설적인 기록이 남아 있다. 이 기록에서 석탈해는 '숯과 숯돌을 사용하는 대장장이 집 안 출신'이라고 자신을 소개했다는 이야기가 나온다.

• 석탈해왕탄강유허비(경상북도 시도 기념물 제79호)

탈해가 태어난 곳은 용성국 또는 다파니국이라고 하는데, 이곳이 어디인지에 대해서는 여러 가지 의견이 있다. 그중에서 특히 흥미로운 견해는 이곳이 원래 철기 문화가 발달한 인도의 남부 타밀 지역이라는 연구이다.

경향신문 캐나다 특파원이자 그곳의 타밀학회 회장으로 활동하고 있는 김정남 씨가 토론토 대학 남아시아연구센터 소장인 셀바카나간따캄 교수와 토론토 타밀인협회 산무감 코한 사무총장 등을 만나 취재하고, 도서관의 자료를 추적하여 발표한 이 연구에 따르면 석탈해의 성인 '석(sok)'은 타밀어로 대

● 그리스 신화에 나오는 불과
대장간의 신 헤파이스토스

장장이를 뜻하는 '석갈린감(Sokalingam)'의 줄임말로 성과 집안, 직업이 그대로 일치한다는 주장이며 '탈해(Talhe)'는 타밀어로 '머리, 우두머리, 꼭대기'를 의미하는 '탈에(Tale)'나 '탈아이(Talai)'와 거의 일치한다. 따라서 '석탈해'라는 이름은 타밀어로 '대장장이의 우두머리'를 의미하며, 그가 바다 건너 한반도로 들어온 인도의 대장장이 지도자임을 암시한다는 설명이다.

하지만 석탈해의 '석'씨 성은 당시 신라의 왕이었던 남해왕이 하사했다는 이야기도 전해진다. 당시 신라의 왕이었던 남해왕은 탈해의 철기 기술을 높이 사 사위로 삼았고, 탈해는 노혜왕의 뒤를 이어 신라의 왕위에 올랐다. 이는 신라가 이민자인 탈해를 왕으로 추대할 만큼 철을 중요하게 여겼다는 반증이 된다.

고대의 역사는 우리가 생각했던 것보다 훨씬 많은 교류를 바탕으로 한다. 그 과정에서 철기 문명은 아주 중요한 역할을 담당했다. 이제 신화와 전설 속의 철기 문명은 그저 신화나 전설로만 치부할 이야기들이 아니다. 《반지의 제왕》의 실질적인 주인공인 절대반지, 보이지 않는 그물과 신묘한 신의 기물들을 만들었던 신화와 전설 속의 대장장이들이 현대에 이르러 실현되고 있기 때문이다. 신화와 전설 속에서 나타났던 철기 문명과 기물들은 눈부신 철강 기술의 발전과 더불어 현실에서 하나씩 구현되어 가고 있다.

● 북유럽 신화 속, 뛰어난 대장장이 기술을
가진 드워프족

신화와 전설이 현실이 되는 세상, 그럼에도 불구하고 절대반지의 욕망에 굴하지 않고 세상을 지탱하는 문명의 뼈대로서 제 역할을 충실하게 수행하는 것, 그리하여 가장 든든하고 믿음직한 산업의 쌀로서 미래의 문명을 지속하는 책임을 완수하는 것이 바로 철강 산업이 추구하는 미래의 비전이다.

|참고 도서 |

- 백덕현,《근대 한국 철강산업 성장사 : 인천 50톤 평로제강에서 광양제철소까지》, 한국철강신문, 2007.
- 이경의,《한국 중소기업사 – 고대에서 식민지 시기까지》, 지식산업사, 2010.
- 권병탁,《한국 산업사 연구》, 영남대학교 출판부, 2004.
- 한국경제60년사 편찬위원회,《한국경제 60년사》, 한국개발연구원, 2010.
- 한국철강신문,《기초철강지식 – 최신개정증보판》, 한국철강신문, 2010.
- 한국철강신문,《중급철강지식 – 개정증보판 5판》, 한국철강신문, 2011.
- 권혁상, 김희산, 박찬진, 장희진,《스테인리스 강의 이해》, 한국철강신문, 2007.
- 송성수,《소리 없이 세상을 움직인다:철강(한국의 월드 베스트)》, 지성사, 2004.
- 송성수,《기술의 역사:뗀석기에서 유전자 재조합까지》, 살림, 2009.
- 박용진,《철강의 역사와 인간》, 한국철강신문, 2002.
- 서갑경,《철강왕 박태준 경영이야기》, 한언, 2012.
- 조정래,《박태준》, 문학동네, 2011.
- 편집부,《영일만의 추억:포스코九四클럽 수기집》, 푸른물결, 2013.
- 정혁준,《키친아트 이야기》, 청림출판, 2011.

|참고 자료 |

- 현대경제연구원, "한국산업기술사 조사연구 운송산업군 : 철강산업", 2012.12.
- 김화택 외, "고려청자 및 조선 백자의 발색기구 규명과 색좌표 결정에 관한 연구", 2002.10.31.
- 송성수, "한국 종합제철사업의 변천과정 1958~1969", 〈한국과학사회학지〉 제24권 제1호, 2002
- 한국철강협회 스테인리스 클럽, "스테인리스 강과 안전"
- 현대제철 홍보 브로슈어
- 대림산업 홍보 브로슈어

|참고 사이트 |

- 국가기록원 나라기록 기록정보 콘텐츠 http://theme.archives.go.kr
- 국가브랜드 공식 블로그 http://blog.daum.net/korea_brand
- 산업자원부 공식블로그 경제다반사 http://blog.daum.net/mocie
- 국토교통부 공식 블로그 토통이네 http://korealand.tistory.com
- 한국능률협회 공식 블로그 http://kmablog.blog.me
- 포스코 공식 블로그 헬로 포스코 http://blog.posco.com
- 한국철강신문 KMJ NEWS http://www.kmj.co.kr
- EBN 스틸뉴스 http://steel.ebn.co.kr
- 스틸데일리 http://www.steeldaily.co.kr
- 네이버 뉴스 라이브러리(1920~1997) http://newslibrary.naver.com
- 네이버 뉴스 http://news.naver.com

- 네이버 캐스트 http://navercast.naver.com
- 네이버 지식백과 http://terms.naver.com
- 네이버 카페 '스탠팬을 사용하는 사람들의 모임' http://cafe.naver.com/jaynjoy
- 한국철강협회 http://www.kosa.or.kr
- 포스코 http://www.posco.co.kr
- 현대제철 http://www.hyundai-steel.com
- 동국제강 http://www.dongkuk.com
- 대원강업 http://www.dwku.co.kr
- 세아제강 http://www.seahsteel.co.kr
- 현대비앤지스틸 http://www.bngsteel.com
- 현대하이스코 http://www.hysco.com
- YK Steel http://www.yks.co.kr
- 동부메탈 http://www.dongbumetal.co.kr
- 코리아니켈 http://www.korea-nickel.co.kr
- 쌍용자동차 http://www.smotor.com
- 철박물관 http://www.ironmuseum.or.kr
- 대가야박물관 http://daegaya.net
- 울산쇠부리축제 http://www.soeburi.org

| 사진 자료 |

- 고려청자_ 문화재청
- 이순신대교_ 광양시청
- 쇠둑부리터_ 한국학중앙연구원
- 대한제국기 경인철도 레일_ 문화재청
- 삼화제철소 고로_ 문화재청
- 포항종합 제철소 전경_ 포스코역사관
- 영일군 대송면 등촌동 일대_ 포스코역사관
- 철강왕 박태준_ 포스코역사관
- 불량 콘크리트 폭파식_ 포스코역사관
- 포스코 풋말 사진_ 포스코역사관
- 포항 1고로 첫 출선_ 포스코역사관
- 일관 제철소 철강 생산 공정_ 포스코 홈페이지
- 호안 공사로 만들어진 제방_ 포스코역사관
- 광양제철소 모래기둥 타설기_ 포스코역사관
- 포항제철소 현판_ 포스코역사관
- 포항제철소 주식_ 포스코역사관
- 현대제철 당진일관 제철소_ 현대제철
- 현대그룹의 자원 순환형 사업 구조_ 현대제철
- 인천중공업 평로 용탕 주입 장면_ 현대제철

- 우리나라 최초의 전기로_ 철박물관
- 1980년대 삼천리 자전거_ 한국학중앙연구원
- 연봉학 기성_ 포스코역사관
- 스테인리스스틸_ 현대제철
- 현대자동차 산타페_ 현대자동차
- 페럼타워_ 유니온스틸
- 한국국제전시장(KINTEX)_ 한국국제전시장
- 원진컬러물탱크_ (주)원진
- 클래드 철판_ (주)클래드
- 내후성 강판 건물_ 한양대학교
- 액체철 & 정전기 공중 부양 장치_ 한국표준과학연구원
- 철강 사진전 대상_ 철강협회
- 포스트립_ 포스코 홈페이지
- 현대제철 원료처리 시스템_ 현대제철
- 연연속압 기술_ 포스코 홈페이지
- 광양 1고로_ 포스코 공식 블로그(blog.posco.com)
- 내진기술 적용한 H형강_ 현대제철
- 불연속무늬 처리 기술 적용 제품_ 유니온스틸
- 울산쇠부리축제_ 울산쇠부리축제 추진위원회
- 구충당 이의립 동상_ 울산쇠부리축제 추진위원회
- 석탈해왕탄강유허비_ 한국학중앙연구원